わたしたちは見ている

原発事故の落とし前のつけ方を

市民が育てる「チェルノブイリ法日本版」の会
編集　柳原敏夫・小川晃弘

新曜社

はじめに

生き直す――原発事故後の社会を生き直す

柳原　敏夫
市民が育てる「チェルノブイリ法日本版」の会
協同代表・弁護士

或る時、人からこう言われた。

「２０１１年から、ずっとフクシマ後の社会運動を見てきて、分断と行き詰まりの中で、この『チェルノブイリ法日本版』を作ろうという運動が、私にとっては唯一の希望に見えました。」

この言葉は何を意味しているのだろうか。

実は私も、３１１からだいぶ経って、社会運動をやっている人たちを知る機会が増えるにつけ、真面目で一生懸命な人ほど疲弊している、疲れ切っているように見え、その訳をずっと考えて来たが、よく分からなかった。疲弊している当人たちの意識の上では原子力ムラなどの権力の横暴に疲れたと感じていたようだったが、しかし今、それはちがうのではないかと思うようになった。彼らが疲弊する本質は「政治」つまり人々を「敵と味方に仕訳」する政治的思考に翻弄され、思考が停止し、人々を分断させる政治的運動に消耗し、疲弊したんではないかと思い直すようになった。

そうしたら、ガンジーやキング牧師やマンデラがおこなってきたのは、人々を分断させる政治的運動の延長ではなく、それとは別次元の全く新しい運動＝人権運動をやろうとしたんじゃないか、と気づいた。だから、彼等は別に社会主義政権を作ろうともしなかった。宗教、肌の色を越えた人々の「和解＝共存」を強く訴えた彼等の姿から、これは過去に前例のない、「敵と味方」を「和解＝共存」に変換する人権運動への挑戦なんだと、とても新鮮、身近に感じられるようになった。

人権運動には原理的には賛成も反対もない。それが「チェルノブイリ法日本版」。他方、政治運動は原理的に、人々を賛成と反対、敵と味方に仕訳して、自分の主張を認めさせる。それが今の社会運動。

日本版の意味はこうした政治運動を「和解＝共存」に変換する人権運動への挑戦にあるのではないか、冒頭の人の言葉を聞いて、そう思った。

それは新たな気づきであり、これが今とても重要だと感じている。一方で、今ほど、社会運動が思考において硬直化、思考停止から脱却し、行動において分断化、孤立化から脱却することが切実に求められている時代はないのに対し、他方で、その脱却を可能にする手がかりが人権だと思うから。人間は人間として生まれたことに最高の価値があり、どんな境遇・条件であろうとも同じ人は二人といない、そうした個性の究極的価値という考え方にもとづいて、つまりひとえに個々人の「人間性」を根拠として、そこから論理必然的に直接に発生したもの、それが「人権」。だから、人権においては全ての人の間に優劣をつけることを許さない。その結果、人権の原理的な帰結は「共存」であり、すべての人に対するリスペクト（尊重）である。

とはいえ、日本政府も人権を賛美して、人権教育をうたう。しかし、人権が人権たる所以、あるいは人権が真価を発揮する瞬間というのは、美しい言葉で語られた人権を人々が素直に受け入れる瞬間などではなく、むしろその反対の、唾棄すべき不条理、理不尽な現実を前にして、人々がどうしてもこの現実を受け入れるわけにはいかないと抵抗の叫びをあげる瞬間に人々の口から発せられる「不条理な現実を否定する言葉」、それが人権である。

「チェルノブイリ法日本版」は、人々の命、健康、暮らしを大切にするという当たり前の願いを実現するために、「敵と味方に仕訳」する政治運動を「和解＝共存」に変換する人権運動に挑戦する市民が火のような情熱を注いで取り組む場である。

目次

カバーイラスト＝ちばてつや

【コラム】一般市民が法令の定めを超えて被曝させられる謂れはない

小出 裕章
元京都大学原子炉研究所 助教

放射線に被曝すると健康に被害があるということは、被曝研究の長い歴史で確定しています。大量の被曝をすれば、火傷や脱毛、嘔吐が起き、場合によっては死に至ります。

しかし、すぐに目に見える症状がでなくても、がんや白血病などが長い年月の後に発症します。そうした被害を「確率的影響」と呼び、運悪くくじに当たった人だけが発症します。そして、そうした被曝によって生じる病気は「非特異性」と言って、被曝をしなくても現れる病気です。

私自身は被曝はありとあらゆる病気を引き起こすと確信していますが、そうした病気は仮に被曝をしなくても現れるので、被曝との因果関係を証明することができません。

今、日本各地で伊東英朗監督の『サイレントフォールアウト（気づかずに降ってくる放射能）』が上映されています。[1] 米国の核実験で米国の国民自身が何も知らないまま大量の被害を受けていることを告発した映画です。被曝はもともと五感で感じられませんし、その被害も因果関係が分からない形で進行します。

そのことが科学的に分かったから、世界各国は被曝を規制する法令を作っています。その基準に大きく貢献したのが国際放射線防護委員会（ＩＣＲＰ）です。ＩＣＲＰの最新の報告では、一般の人に対しては1年間に1ミリシーベルト以上の被曝を与えるべきでないとされ、日本でもその値を採用し、原子力事業者などにその基準を守る様に法令で定めています。

しかし、年間1ミリシーベルトの被曝を70年間続ければ、70ミリシーベルトになります。それによる致死リスクはＩＣＲＰの基準（1Sv当たりの致死リスク計数：０・05）を使っても０・００35です。[2] つまり、年間1ミリシーベルトの被曝を生涯にわたって受けると、10万人当たり３５０人が被曝したことによって殺されることになります。閾値のない毒物に対する国際的な環境基準[3]は生涯リスクで10万分の１、つまり10万人に１人という危険に抑えようとしています。

それに比べれば、ＩＣＲＰが勧告した1ミリシーベルト／年という規制値は３５０倍も高いリスクを人々に負わせることになります。それを日本でも法令で定めているわけです。あまりに高い規制値ですが、それが許されてきたのは、被曝による被害は静かに、気づかない形でやってくるからです。

残念ながら、年間1ミリシーベルトの被曝による被害を立証することは今後もたぶんできないでしょうし、人々が被曝の危険に気付くこともなかなか難しいでしょう。

原発は絶対に大きな事故を起こさないと嘘をついてきた人たちが、フクシマ事故後、一般人の被曝限度を年間20ミリシーベルトにしてしまいました。放射線感受性の高い子どもにもその基準を適用するなど許しがたい暴挙です。被曝はできる限り避けるべきものですし、法令の定め以上の被曝は嫌だという人に、法令の基準を超えて被曝を強制するなど言語道断です。

１９８６年の旧ソ連チェルノブイリ原発の事故の後、１９９１年には、「チェルノブイリ法」が制定され、年間1ミリシーベルト以上の被曝をする人たちには移住の権利が認められました。余りにも当然のことですが、日本では、それすらも認められません。

日本でも「チェルノブイリ法」を実現することは最低限必要だと思います。

付記

[1] 小出さんからの原稿は２０２４年2月10日にいただきました。

[2] 1Ｓｖ当たりの致死リスク計数０・０５を千分の１の１ｍＳｖ当たりの致死リスク計数に直すと０・００００５。ＩＣＲＰは70年を生涯と仮定するので、年１ｍＳｖの被ばくを生涯する場合、その致死リスク計数は０・００００５×70＝０・００３５。

[3] 毒物の場合、閾値とはそれ以下の用量では毒性が発現しない最小量のこと。毒物に対する国際的な環境基準は、毒物が閾値のあるなしで基準の設定が異なる。ここでは２０１７年に豊洲

市場の土壌汚染で社会問題となったベンゼンなど閾値のない毒物のこと。環境省「環境基準の設定に当たっての考え方」を参考にしました。以下、該当ウェブサイト：https://www.env.go.jp/council/former2013/07air/y070-26/ref04.pdf（２０２４年３月１日アクセス）

第1章

なぜ「チェルノブイリ法日本版」が必要なのでしょうか

「チェルノブイリ法」とは?

「チェルノブイリ法日本版」は放射能災害（原子力発電所事故など、放射性物質が施設外に大量に放り出される事故）から市民の命、健康、暮らしを守ることを市民の「人権」として具体的に保障する、つまり、「避難の権利」、「移住の権利」などを保障する人権法です。[1]

「チェルノブイリ法日本版」のもとになっている「チェルノブイリ法」は、1986年4月26日、旧ソ連下で起きたチェルノブイリ原子力発電所事故の後、膨大な量の放射性物質が放出され広い地域が汚染されたのを受けて、当事国である旧ソ連で、事故から5年後の1991年5月に採択された法律です。ソ連崩壊後の現在は、ウクライナ、ロシア、ベラルーシの3国に受け継がれています。

国家の加害責任を明文で認め（ウクライナは、のちに国家の加害責任を憲法改正して、憲法に明記した）[2]、国家の法的な義務に対応して、市民の法的な権利として、上記の権利を位置付けています。年1ミリシーベルトの世界標準に基づいて、住民の命と健康、暮らしを守るための、いわば原子力事故に関する世界最初の人権宣言とも言えます。原発事故処理作業者（リクビダートル）、汚染地域からの移住を選択した者、汚染地域に残留することを選択した者、それから事故後に生まれた子どもたちまでを救済の対象としたのです。

避難者には引越し、住居、仕事、医療が補償されます。年間被ばく1~5ミリシーベルトの範囲にある地域では、「移住の権利」も「残留の権利」も認められ、どの選択でも補償があります。子どもたちには、国家事業として、長期の保養が保障されています。

国家の加害責任について

国家の加害責任について、私たちは以下のように考えています。

民事裁判の大半の事件は損害賠償訴訟と言われるものです。これは加害者の法的責任を2つの面から追求していきます。1つが侵害論。もう1つが損害論。侵害論とは被害者を侵害した行為に対して、加害者は加害責任を負うか否かを問うものです。損害論とは、加害者に侵害の責任が認められた場合、次に、その侵害行為によって、被害者がどこまで被害を被ったかを問うものです。一般には、侵害行為と因果関係が認められる被害に対して、加害者は賠償する責任があるとされます。これを賠償責任といいます。

この民事裁判の考え方、つまり侵害論における加害責任に対応した日本版の用語が「加害責任」、損害論における賠償責任に対応した日本版の用語が「補償責任」で、この両者を併せて、法的責任と呼びます。つまり、法的責任を問う場合、「加害責任」と「補償責任」はコインの表と裏みたいな表裏一体の関係にあり、一方だけが存在するものではありません。

だから、法的責任が問われる場面で、仮に「加害責任」を認めたら、それは同時に「補償責任」も認めることを意味し、反対に、仮に「補償責任」を認めたら、それは同時に「加害責任」も認めることを意味します。

それが法的責任の原則です。もしそれが社会的責任とか道義的責任だったら、その現象の発生に対して、国家が遺憾の意を表明するとか謝罪するとかで一件落着する場合があります。しかし、法的責任の場合、その現象によって引き起こされた人々の被害を救済することまでが当然の前提にされています。

以上から、法的責任を問題とする場合に、加害責任の面から取り上げようが、補償責任の面から取り上げようが、その具体的な中身は変わりません。ひとたび加害責任を負うことを認める以上、その事故から引き起こされる被害について救済する法的責任を負うことを意味するからです。

「チェルノブイリ法」の13条で、被害を補償する責任は「国家」にあると明記されているというのは、国が法的責任を負うということであり、国が法的責任を負うということは同時に、事故を発生させたことに対しても法的責任を負っていることを認めたことを意味します。市民が育てる「チェルノブイリ法日本版」の会では、このことを指して「加害責任を負う」と表現しています。

参考　ウクライナの「チェルノブイリ法」
チェルノブイリ大惨事の被災者市民の地位および社会的保護に関する法律　http://jsa-tokyo.jp/booklet/2017122401.pdf（2024年3月1日にアクセス）

第13条
チェルノブイリ大惨事によって被った市民の損害に対する国家の義務
国家は、市民の被った被害に対する責任を負い、次の場合に市民に対して補償しなければならない。〔96・6・6付法律N編集の第13条1項1号〕
1）チェルノブイリ大惨事の被災市民およびその子どもの健康被害および労働能力の喪失
2）チェルノブイリ大惨事に関連した扶養者の死亡
3）市民およびその家族が、本法律およびその他ウクライナの法的アクトに定めるチェルノブイリ大惨事に関連して被った物的損害
国家は、チェルノブイリ原発事故のリクビダートルおよびチェルノブイリ大惨事の被災者に対して、現代的な（最新の）医療検査、治療および被曝線量の測定（判定）を行う義務を負う。〔96・6・6付法律N編集の第13条2項〕

なぜ「日本版」が必要だと考えるのでしょうか

子ども達に安全な環境で教育を受ける権利を保障し、国にその責任を果たす義務を課す。これは日本国憲法26条で明確に示されていて、例外はありません。放射能災害の時も同様です。しかし、２０１１年福島原発事故以後、国はこの憲法の義務を守らず、チェルノブイリ法の基準で移住義務地域に該当する福島県中通りほか多くの地域の子ども達を集団避難させませんでした。

それればかりか、民間の一団体にすぎない国際放射線防護委員会（ＩＣＲＰ）の勧告[3]を理由にして、文部科学省は２０１１年4月19日、「福島県内の学校等の校舎・校庭等の利用判断における暫定的考え方について」を発表し、校舎や校庭を利用できるか判断する目安として、年間被ばく量が２０ミリシーベルトを超えないようにしました。この通知は、従前の一般公衆の被ばく基準量（年間１ｍＳｖ）を最大20倍まで許容するもので、子ども達を高濃度の放射能汚染地域に閉じ込めることになりました。これは過去に前例のない児童虐待であるばかりか、住民を危険な状態に陥れる国際法上の「人道に関する罪[4]」に該当する人権侵害です。

この通知以降、年20ミリシーベルトが安全基準となり、それ以下は健康影響は何もないとして、年20ミリシーベルト以下の住民の「避難の権利」が抹殺されました。この通知がなければ、福島の就学児童たちの集団避難は必至でした。そうしたら、家族で避難を希望する声が高まり、国は家族避難を選択した人たちの要求を拒むことも困難となり、その結果、「チェルノブイリ法日本版」の制定と同様の結果が実現した可能性が高かったのです。

「チェルノブイリ法日本版」は、誰にも無用な被ばくをしない権利があることを主張しますが、同法を実現することで、特に子どもたちを守りたいのです。環境省の基礎資料[5]「放射線による健康影響等に関する統一的な基礎資料（平成29年度版）」のなかの「年齢による感受性の差」によると、一歳以下の子どもの放射線感受性は大人の９倍弱であることが示されています。さらに、子どもに残される生存時間も大人に比べて長いので、生涯の被ばくによる罹患リスクも高くなるからです。

ところで、福島県では福島第一原発の事故が起きた7か月後から子どもの甲状腺検査を実施してきました。対象は事故当時、福島県内にいた18歳以下で、およそ38万人にのぼります。この調査で、２０２４年2月2日の時点で、甲状腺がんと診断された人は３７０人でした[6]。

これに対する国の態度は一貫して、「今回の事故による内部被ばくが原因で甲状腺がんになる可能性は、極めて低い」（首相官邸のホームページによる）[7]です。しかし現在の科学・医学が放射能による健康被害の関係を解明する水準には達しておらず、両者の関係は灰色としか言えないのなら、灰色のリスクを原発事故に何の責任もない子ども達に負わせることはおかしいと考えます。

それは「子どもたち以上に傷つきやすい存在、大切な存在、無条件に守られるべき存在はない[8]」という倫理・人の道に反する背信的行為です。のみならず、「灰色なら万が一に備える（予防原則）」――これがこれまで国の防災（三宅島噴火の全島避難）、防衛（「備えあれば憂いなし」）のモットーでした。戦争（学童疎開）、人災（交通事故の加害者の救護義務）で取ってきた原則です。

放射能災害だけなぜ差別するのか。差別する理由はありません。放射能災害においても子ども達は灰色の危険から守られるべきです。それを実現するのが「チェルノブイリ法」の日本版です。

万が一の際、すべての人を救う救済法を作りたい

日本列島には、原発が集中して立地する地域がいくつかあります。２０２４年元日、石川県能登地方で震度7を観測した能登半島地震が起きましたが、その隣県の福井県もその一つです。福井県には現在、若狭湾沿岸に合計15基の原子炉（廃炉措置中の原子炉を含む）があります。同県の原発立地自治体では、原発事故発生の場合の避難計画が、避難から3日間は避難先の自治体が面倒をみるが、4日目からは面倒をみない（避難先の自治体が

面倒をみることになっているけれど、避難先自治体の具体策は白紙）という内容になっています。

放射能災害による避難民は、国際人権法の「国内避難民」に該当します[9]。国際連合人権委員会（当時）が1998年に制定した「国内避難に関する指導原則」では、その原則1で「国内避難民は、自国内の他の人々と同じく、国際法及び国内法の下での権利並びに自由を完全に平等に享受する。国内避難民は、国内で避難していることを理由に、いかなる権利及び自由の享受においても差別されてはならない[10]（外務省仮訳）」と明言しています。

にもかかわらず、手厚く守られるべき「国内避難民」を事実上「棄民」扱いする政策が堂々と避難計画に盛り込まれています。特に原発立地自治体に住む住民にとって、原発事故発生の場合の救済策が不可欠であり、これを具体化するものとして、「チェルノブイリ法日本版」の制定が必須です。

私たちは、原発推進、原発反対に関係なく、日本が国家として原発を維持する以上、現実的な救済法である「チェルノブイリ法日本版」の制定が急務であると考えています。現に甲状腺がんになった人たちは、切実に救いを求めています。原発立地の自治体及びその周辺に住む人たちも、実際に原発事故が起きたその時のために備える必要があります。

「チェルノブイリ法日本版」の実現を目指す市民運動は、原発推進と原発反対——この対立の立場の違いを超えて、ひとたび原発事故が起きたら、放射能の危険からすべての人の命、健康、暮らし、つまり誰もの「人権」を等しく守ることを目指す人権運動であり、原発政策をめぐる政治運動とは一線を画します。

ここで取り上げる「人権」とは、分かりやすく言えば、「命、健康、暮らしを守る権利」のことです。しかし、単に自分の「命、健康、暮らしを最高の価値あるものとして尊重する」ことだけでありません。自分の命・健康、暮らしを最高の価値あるものとして尊重するのと同様に、他のすべての人の命、健康、暮らしもまた最高の価値あるものとして尊重することです。従って、人権とはすべての人たちの命・健康、暮らしを最高の価値あるものとして「共存」させることです。

大切なことなので繰り返しますが、「チェルノブイリ法日本版」を作る市民運動は、原発をめぐり、原発推進なのか原発反対なのか、あたかも敵と味方に分かれて、決着をつけるような、特定の政策を実現する政治運動ではありません。ただひたすら原発の事故に目を向け、原発事故に抵抗して、すべての人たちの命、健康、暮らしを守り、これらが「共存」するシステムを作る人権運動です。

確かに脱原発に向けた努力を続けていくことも必要と考えます。しかし、原発廃炉は百年規模の国策の変更事業で、長期的な戦略が必要です。日本の原発は核兵器開発の代替方法として存在しているからです。世界から核兵器がなくならない限り、日本の権力者が原発を手放すことは絶対ないでしょう。その一方で、原発事故は待ったなし。この国で脱原発が実現する前に、次の原発事故は必ず起こるでしょう。311のような過酷事故を私たちは経験したのに、この国の原発はまだ止まっていません。この現実を直視する必要があります。

さらには、たとえ廃炉になっても原発立地内に常時冷却を必要とする使用済み燃料の保管が永久的に続きます。その結果、これが原因で起こるかもしれない災害リスクは、人間の尺度からいえば永遠のものです。この点からも、放射能災害の被害を予防し、被害者を救済する法律「チェルノブイリ法日本版」の制定が急務なのです。

原発事故の発生に備えて何をすべきかについて、合理的に対処し、現実的な戦略を検討する時です。私たちはマインドセットを変える必要があります。この点、私たち個人（柳原と小川）が取る立場は、まず「チェルノブイリ法日本版」を制定する、その上で、中長期的にジワジワと廃炉を目指すという戦略です。原発事故で人々が酷い目に遭えば遭うほど、廃炉が進むわけではない、この2つは別の次元の話です。私たちは、原発事故の一人ひとりの被災者に寄り添うことに集中するものです。

そして、「チェルノブイリ法日本版」を実現する市民運動は、原発推進と原発反対との間で、対話の道すら閉ざされてしまっている閉塞状態の現状を打破する突破口になり得ると信じます。私たちは「チェルノブイリ法日本版」制定は「分断にかける橋」になると信じます。

次の放射能災害が起きることを前提に、事故が起きた時に、住民は何を権利として主張できるのか、行政は何を住民にしてくれるのか、具体的に明らかにしておくことが必要ではないでしょうか。3日間だけの避難計画ではなく、中長期的な避難をどうしたらいいのか。その悩みに答えてくれるのが「チェルノブイリ法日本版」なのです。

憲法9条と「チェルノブイリ法」

第二次世界大戦終了後まもない1947年、日本は世界に先駆けて、画期的な法律を制定しました。戦争放棄を定めた日本国憲法9条で、制定後、数々の改憲の企みがあったにもかかわらず、日本市民はこれを守り続けて来ました。それは、憲法9条が単なる美しいユートピアを宣言したからではありません。ユートピアとは真逆の経験、沖縄戦を初めとする数々の玉砕、広島長崎の原爆投下という日本史上比較を絶する残虐な戦争行為を経験してきて、憲法9条は、それに対する真正面からのノーという表明、その非人道性に対する全面的な否定、断固とした拒否の表明だからです。暗黒の現実と向き合い、それに対する明確な否定として表明されたものだから、これまで憲法9条を捨て去ることができなかったのです。

憲法9条と「チェルノブイリ法」、この二つは、その本質を共有しています。

1986年にチェルノブイリで原発事故が起きたこと、つまりこれはもう一つの核戦争だったことです。この原発事故によって、「災害」「事故」「公害」という概念が一変しました。放射能災害はもはや、従来の「災害・事故・公害」の延長ではなく、それらとは隔絶した核戦争だからです。その結果、従来の「災害・事故・公害」の中で考えられていた選択肢が、もはや放射能災害では通用しなくなりました。

日本の災害救助法は、数年の救助でもって復旧するという前提で被災者への救済が構想されています。しかし、そんな短期間では放射能災害に全く対応できません。他方で、公害の規制立法は、基本的に有害物質を排出する発生源（工場など）の発生を規制するという枠組みで構想されています。公害では周辺の被害者の「避難」「移住」は全く考えていません。しかし、そのような枠組みでは放射能災害には全く対応できません。

放射能災害では、被害者は基本「避難」「移住」することでしか命、健康を守れないのです。要するに、もうひとつの核戦争の中に置かれているという自覚のもとで、残された選択肢が何であるかを冷徹に認識し、熟慮の末に選択を決定することが求められているのです。

「チェルノブイリ法日本版」制定の目的は人権保障

「チェルノブイリ法日本版」は、放射能災害により、命の危機にさらされたという深刻な経験から、日本国憲法に示されている基本的人権の一つで、その前文に明記されている平和のうちに命、健康、暮らしが保たれる「平和的生存権」の保障を謳ったものでもあるのです。

その目的は、平時ではなく、原発事故発生と同時に発令される原子力緊急事態宣言[1]のもとで、引き続き「人権」を確保し、保障することです。なぜ、このような人権保障が重要なのでしょうか。その理由の第一は、戦争でも原発事故でもコロナ禍などのパンデミックでも、こうした緊急非常事態宣言のもとでは「人権」は容易に無視され、国の指示命令に一方的に従うという「人権不在」の事態に追い込まれてしまうからです。

その理由の第二は、ひとたび緊急非常事態宣言のもとで「人権」が無視され、「人権」が守られなかったら、その後、平時が回復したあともずっと守られないまま推移するからです。それは福島原発事故の数々の悲惨な経験（文科省の20ミリシーベルト基準への引き上げ、安定ヨウ素剤の配布のサボタージュ、ＳＰＥＥＤＩ（緊急時迅速放射能影響予測ネットワークシステム）の情報不開示など）が証明しています。

重要なことは、平時ではなく、この緊急非常事態宣言のもとでも人権保障を貫徹することにあります。これに対し、公害法の公害対策や放射線防護の防護体系はあくまでも平時（通常運転時）を前提にしたものです。この平時の対応では、緊急非常事態宣言に十分な対応ができないのは自明なのです。この空白を埋めるために、原子力緊急事態宣言のもとでの被害者の命、健康、暮らしを守る「チェルノブイリ法日本版」の制定が必要不可欠なのです。

付記

[1] これ以外にも「残留の権利」「放射能管理強化区域に住む住民の権利」「事故収束作業員の権利」を保障している。

[2] 「ウクライナの環境を保全し、未曽有の災害であるチェルノブイリ事故への対策に取り組むこと、ウクライナ民族の子孫を守ること、これらは国家の義務である。」（ウクライナ憲法16条〔１９９６年〕）

[3] 国際放射線防護委員会が定める「緊急事態収束後の年間被ばく量は1~20ミリシーベルトの範囲で考える」という基準のこと。

[4] 第7条　人道に対する犯罪（国際刑事裁判所に関するローマ規程第7条）

この規程の適用上、「人道に対する犯罪」とは、文民たる住民に対する攻撃であって広範又は組織的なものの一部として、そのような攻撃であると認識しつつ行う次のいずれかの行為をいう。

（a）殺人

……（略）……

その他の同様の性質を有する非人道的な行為であって、身体又は心身の健康に対して故意に重い苦痛を与え、又は重大な傷害を加えるもの

[5] 環境省ホームページ「放射線による健康影響等に関する統一的な基礎資料（平成29年度版）の掲載について」https://www.env.go.jp/chemi/rhm/h29kisoshiryo.htmlを参照（２０２４年３月１日にアクセス）

[6] 特定非営利活動法人OurPlanet-TVのホームページhttps://www.ourplanet-tv.org/48188/を参照（２０２４年３月１日にアクセス）

[7] 首相官邸ホームページ「放射線と甲状腺の病気の関連について」https://www.kantei.go.jp/saigai/senmonka_g24.htmlを参照（２０２４年３月１日にアクセス）

[8] 以下、「ふくしま集団疎開裁判」に寄せられたノーム・チョムスキー氏のメッセージを共有します。「社会が道徳的に健全であるかどうかをはかる基準として、社会の最も弱い立場の人たちのことを社会がどう取り扱うかという基準に勝るものはなく、許し難い行為の犠牲者となっている子どもたち以上に傷つきやすい存在、大切な存在はありません。日本にとって、そして世界中の私たち全員にとって、この法廷は失敗が許されないテスト（試練）なのです。」

[9] ２０２２年9月、国連人権理事会から任命されて日本を訪問し

たセシリア・ヒメネス＝ダマリー国連特別報告者は、「福島県からの避難者は、その理由が避難指示であるのか、あるいは原発事故の影響に対する恐怖によるものなのかを問わず、すべて同じ権利を有する国内避難民である」としています。ヒメネス＝ダマリーさんの報告書は国連人権理事会のホームページに掲載されています。https://www.ohchr.org/en/hr-bodies/hrc/regular-sessions/session53/list-reports（２０２４年3月1日にアクセス）

[10]「国内避難に関する指導原則（仮訳）」は以下の外務省のホームページに掲載されています。https://www.mofa.go.jp/mofaj/files/000536758.pdf（２０２４年3月1日にアクセス）

[11] 日本政府は、２０１１年3月11日に「原子力緊急事態宣言」を発し、現在（２０２４年3月1日）でも、その解除には至っていません。

【コラム】「チェルノブイリ法日本版」を作っていきませんか？――わかな

市民が育てる「チェルノブイリ法日本版」の会
正会員

「チェルノブイリ法日本版」、と聞いた時にピンと来る人はどのくらいいるのだろうかとやはり私はいまだに疑問があります。そして、私自身も恥ずかしながら「チェルノブイリ法日本版」ってなに？と聞かれて全てをパーフェクトに答えられる自信がないのです。

しかし、私は専門的な話はできないけれども、「チェルノブイリ法」がこの国には必要なのだと思える自分自身の経験があるのです。それは私が２０１１年3月11日のあの日福島県伊達市というところに住んでいて、当時15歳だったことです。

私は原発事故があって、山形県に避難移住しました。自主避難者と呼ばれ、まさに全てのことを自己責任として国から見捨てられたのです。２０２３年という年は私にとって干支が一周してしまったという衝撃のあった年でした。もう、そんなに経ったのかということと、まだ昨日のことのように当時のことを思い出せるほどつい最近のことのようにも思えます。ただ、だんだんと記憶が色褪せていくのも感じています。

それは風化というよりも、私が過去の経験を現在の自分自身の足枷としなくなったことによって起こっていることです。要は「過去に引きずられる」生き方をやめた、ともいえます。講演会を積極的にしていたときは、過去に引きずられて話をしていた。でも、だんだんと今の私がどうしたいのか、というように「今の私」が主体になるようになってきたのです。本を出す(『わかな十五歳　中学生の瞳に映った3・11』をミツイパブリッシングより２０２１年3月11日に出版)までの私はまだ「過去を生きる人」だったのだと思うのです。

12年、という月日は当然のことながら当時赤ちゃんだった子がもう小学校6年生になっている年月なのです。ということは、もう、今の中学生や高校生たちは記憶すら曖昧な場合が多いのです。もう12年もすぎたのに、逃げた人も残った人も辛く救済のない道を歩き続けてきています。そしてましてやこの事故と「関係ない」と思って過ごしている人も、核災害がまた起こったとしても見捨てられる側の人間であることの自覚すらなく過ごしているのです。

私はそのことが悲しくて悔しいのです。「チェルノブイリ法日本版」があれば、仮にまた核災害が起こっても避難する権利が保障され、逃げたいのに逃げられない、とか逃げても逃げた先で路頭に迷うということも防ぐことができます。ここには書ききれないほどの悲しく辛く、複雑なことがたくさん起こりました。しかし、そのことを知らない人もたくさんいます。

私は「チェルノブイリ法日本版」を通して「この国で起こった悲劇」はどこかの国の出来事ではなく「日本」でおこったことなのだということを知ってほしいとも思っています。原発に賛成であろうとなかろうと、原発が自分の県にあるのか無いのかわからなくとも、福島の原発事故はあの日あの時起き、自覚しているか否かは別として全ての人が「当事者」となりました。

権利、というのは、原発に賛成しているから与えられないとか、反対しているから与えられるとかそんなものではありません。「チェルノブイリ法日本版」は人権を守るための法案なのです。それは私のみならずあなたとあなたの大切な人を守るためにも必要な法案なのです。命などいらない、人権などいらないという人はいないでしょう。命は大切。守られて当然。私もあなたも平等に守られる必要がある。でも今この国では原発のことだけでなくいろんなことで不安を感じます。この国は国民を守る気があるのだろうかと。それはこの文を読んでくださっているあなたも感じていることだと思います。

だからこそ私は「チェルノブイリ法日本版」がこの国に必要だと確信しています。命を当たり前に守れる社会にするために。そしてこの法案がさらに一つの抑止力となって核がこの世からなくなることになればとも私は思っています。核は人や生きとし生けるものを殺すことしかしないのに、核の平和利用、などという言葉は成立しないだろうと思うのです。人殺しの平和利用、といってのけてるようなものですから。

どうか、私とあなたの大切な命がこれから先何代先に渡るまでも守られますように。そのためにまず「チェルノブイリ法日本版」を作っていきませんか？

皆さんのお力をお貸しください。

放射能災害に対する対策は３１１前も後も完全に「ノールール」状態

３１１後、福島原発事故で甚大な「人権」侵害が発生しているにもかかわらず、これを正面から救済する人権保障の法律も政策もないという尋常ではない事態にあります。「人権」とは、第1章で述べましたが、命、健康、暮らしを守る権利のことです。

国や福島県は、３１１後、一人ひとりの被災者の立場に立って「原発事故の被災者の真の救済はいかにあるべきか」というビジョンを示すことができませんでした。それは、３１１前の日本の法律の内容と思想に大きな欠落があったからです。

「日本では放射能災害は起きない」という安全神話を盲信していて、政府の対策はやったとしてもおざなりの儀礼的なものにとどまっていたからです。本当の意味での原発事故の被害対策は完全に没却されていたのです。日本の法律の体系も、放射能災害に対する対策は完全に「ノールール（無法）」状態にあったのです（法律用語で「法の欠缺（けんけつ）」と言います）。

その上、災害救助の法律の体系に関して、その基本理念は、被害者は政府の保護や施しの対象であっても、それ以上、「人権」の主体として捉えてきませんでした。つまり人権思想が不在であったことが、３１１前の災害救助の法律の体系の大きな特徴でした。

問題は、３１１後にどう変わったかです。結論は全く変わりませんでした。今の政府は半世紀前の「公害国会」のように（第4章参照）「ノールール（無法）」状態を立法的に解決することを実行しなかったし、災害救助の法律の体系も基本理念は人権不在のままで、人権回復は果たされませんでした。２０１２年に全会一致の議員立法で制定された「原発事故子ども・被災者支援法」にしても、原発事故の被害者はあくまでも国家の保護・救助の対象として、彼らに対して国の指示や命令や勧奨等に従うことを求めました。住宅やお金が提供された市民は黙ってありがたく受け取るだけの施しやお恵みの対象でしかなく、決して「人権」の主体としては扱われませんでした。たとえ不本意であっても従うしかありません。基本理念は311前の人権不在と変わりませんでした。

さらに、「原発事故子ども・被災者支援法」では、基本理念で、居住・移住・帰還いずれの選択でも支援し、健康不安の解消に努めるとしました。けれども理念のみが書かれているだけで、具体的な政策の決定を国民の代表機関である国会ではなく、行政府に全面的に委ねるという法律であったため、役人の手によって日の目を見ないまま廃止同然となりました。

半世紀前に日本が「公害からの再生」をやったように、今、私たちが「311後の再生」を心から願うのであれば、それは第一に原発事故の救済の「ノールール（無法）」状態を立法的に解決すること、第二に災害救助の法律の体系の基本理念を人権不在から人権尊重に転換することです。それが「チェルノブイリ法日本版」を立法化することです。なぜなら、この新しい法律の基本理念は徹底的な人権保障だからです。

被災者の「人権」を法に定めると国家に責任と義務が生じる

ところで、もし被災者の立場を政府の保護や施しの対象としてではなく、「人権」の主体としてとらえ直した場合、どうなるのでしょうか。そのとき事態は一変します。なぜなら「人権」が認められるとき、そこに発生するのは、その権利を守らなければならないというのは国の「法的義務」だからです。市民の「人権」を侵害しない、させないというのが、「人権」に対する国の義務です。その結果、政府がお金の給付や住宅の提供を打ち切る場合、それは政治的判断の名のもとに自由にできることではなく、それが「人権」の侵害にならないかどうか、厳しくチェックされることになるのです。

250年近く前の世界最初の人権宣言であるヴァージニア憲法には「政府というものは本来市民の利益のために作られて、それに反する政府は改良し変革しまたは廃止するというのが市民の権利である」とはっきり謳われています。ひとたび市民が「人権」の主体として認められたときには、市民と政府の関係は一変し、市民には論理必然的にこのような権利まで発生するのです。

なぜ「原発事故子ども・被災者支援法」では、この「人権」の主体が謳われなかったのでしょうか。それは、「人権」こそ政府にとってはなんとしてでも市民に絶対に渡す（厳密には戻す）わけにはいかない権利だったからです。なので、「権利」の字句は一言も書かれていないのです。同法の立法にあたり、どうしても「権利」という言葉を組み込むことが出来なかったと言われています。

もう少しお話しすると、「原発事故子ども・被災者支援法」には2条の基本理念をはじめとして「義務」という言葉がどこにも登場しません。3条に「責任」が登場しますが、この法律は、責任が「法的義務」と同じ意味を持つ「法的責任」と解釈されないように、わざわざ「社会的責任」と、つまり「法的責任」ではないことを明記しています。そして、この法律は、前述した通り、被災者の具体的な救済を政府が法的義務を負わなくてよい「政府の施策（行政機関の自由な裁量）」に全面的に任せました。これでは、被災者は政府の考えひとつで永遠に救済されなくなります。

これに対して、「チェルノブイリ法日本版」の意義は「人権の本質・原点に立ち返って放射能災害における被災者の救済を再定義する」ということにあります。つまり、原発事故の救済の具体的内容を法律で定め、政府に法律の定めた内容通り実行することを義務付けています。政府の役人に自由な裁量の余地を認めず、法が定めた基準通り、一律に確実に被災者の救済を認めた具体法なのです。

救済の具体的内容を定めていない「原発事故子ども・被災者支援法」は「チェルノブイリ法日本版」と違い、「法の実行」は政府に全面的に委任していてその中身が決まっていませんし、「法の改正」は実質的に新法を作るのと同じことです。ならば、私たちにできるのは第4章で紹介する「市民立法」によって、新法を制定することこそ、現実的な道ではないでしょうか。

「人権」は一瞬たりとも途切れることがない

もともと「人権」というのは「日本国民である」とか「福島県民である」とか「ナントカである」ということに基づいて認められる権利ではありません。ただ人であることだけに基づいています。人は唯一無二の存在であるという個人の尊重の理念に立脚したものです。

「権利の上に眠る者は保護しない」という言葉があります。それは、「人権」が六法全書に書かれているから存在すると安心してはならないという警告です。そこから、人権とは私たち自身が発見して、或いは行動して初めて見出すものであることが導かれます。他方で、「人権」は市民運動のための便利なスローガンでも、誰も反対できない道具でも手段でもありません。「人権」自体が、市民運動の導きであり、目的であり、ゴールです。

と同時に、本来、「人権」は市民運動の中にすでに存在しています。

「人権」は、歴史的にはアメリカ革命（アメリカの独立戦争）で出現して、その後普遍的なものとして承認されてきた人類至高の権利です。私たちは、ここに立ち戻って、放射能災害における被災者の救済を再定義しようと提起しています。「人権」がある場合には、「人権」を侵害しないこと、「人権」の保障を実行すること、これが国家の唯一の義務になります。

国際人権法・社会権規約を直接適用する

「チェルノブイリ法日本版」は「国際人権法」の基本原理を具体化したものです。原発事故は国境なき巨大災害であり、その救済も国境なき人道的救済として、「国際人権法」の重大な課題として取り組む必要があるからです。

これまで「人権」というと、「今ここで即時に」達成が可能な自由権か、それとも政策を推進する政治的責任を国が負うにとどまる社会権かのいずれかでした。しかし、１９６６年に制定された国際人権法・社会権規約の採択では、「もうひとつの社会権」として、新しい権利概念の導入がありました。

それは、国の経済力や資源などの客観的条件を踏まえ、権利の完全な実現にむけて「漸進的に達成するため」、利用可能な資源を最大限に用いて、立法その他で適切な「措置を取る」ことを政治的責任ではなく、あくまでも法的な責任として初めて認めたものです。それは、権利の実現を性急に図ろうとして失敗せざるを得なかった過去の苦い歴史的経験の反省に立って、私たちの身の丈にあったプロセスを提案したもので、それは人権宣言の歴史の中で人権概念の新たな一歩を踏み出した画期的な瞬間でした。

この国際人権法の新しい概念「漸進的な達成措置」を「チェルノブイリ法日本版」に適用するとどうなるでしょうか。この法律のゴールは被災者の命、身体、暮らしの保障です。ただし、そこに至る具体的な取り組みは今ある具体的な条件を踏まえ、ゴールの実現に向けて「漸進的」に達成するように、目の前の小さな取り組みを丁寧にかつ熱心に行うというプロセスです。

そして、この考え方の根底にある理念こそが民主主義と言えます。なぜなら、民主主義とは、制度＝ゴールと考え「制度ができたら、はい、おしまい」と考えるものではなく、民主主義にはゴールはない、あるのは不断に努力し改善していく無限のプロセスだという考え方だからです。これは丸山真男氏が唱える「永久革命としての民主主義」と共通するもので、漸進的達成を永続的に目指すのが社会権という人権の本質なのです。

この国際人権法に照らせば、経済力のある日本では、ただちに被災者の「避難の権利」「移住の権利」さらに「健康に暮らす権利」が認められなければならないことになります。

そこで、国際人権法による避難者の人権に基づいて、もし、この章の冒頭で述べた、原発事故の救済の法律体系の「ノールール（無法）」状態を正しく克服したら、私たちがそこで見出すものは何でしょうか。「チェルノブイリ法日本版」です。もし、私たちが見つけた「チェルノブイリ法日本版」を、国も「確認すべきだ」という市民の声が高まれば、そのとき、国も無視できなくなるでしょう。最後の決め手は「市民主導の世論喚起」なのです。

国際人権法にある「人民の自決の権利」

さらに、もう一つ大切なのは、国際人権法の二大柱の一つである社会権規約の第1条に「人民の自決の権利」が謳われていることです。

第1条【人民の自決の権利】
すべての人民は、自決の権利を有する。この権利に基づき、すべての人民は、その政治的地位を自由に決定し並びにその経済的、社会的及び文化的発展を自由に追求する。

つまり、311後に、市民が各自、放射能の危険を避けるために避難するかどうかの決定を迫られた時、市民がそこで直面した決定行為というのは、実は「個人の自決権」という人権の行使だったのです。しかし、当時、それが国際人権法が第一に保障する人権の行使だったと自覚した人はおそらく誰もいなかったのではないでしょうか。

第一、それが人権の行使だからといって、それで何が違ってくるのか？何も違っちゃいない！と思われるかもしれません。しかし、答えは全く違ってくるのです。なぜなら、市民の決定行為が人権の行使であるなら、国は、市民がその人権の行使を全うできるように最善の支援をする法的義務を負うからです。

具体的には、市民が初期被ばくしないためにどの方向にどの経路を選択して避難するのがベストか、その選択に必要な情報を提供する法的義務を負うのです。これを市民の側から言えば、市民は自分が最善の決定を下せるように避難の方向や経路に関する情報を国に提供を求める権利＝「知る権利」があるのです。

この意味で、311の直後、避難をした原発周辺の市民には、初期被ばくしないためにどの方向にどの経路を選択して避難するのがベストか、その選択に必要なSPEEDI情報の提供を国に求める権利＝「知る権利」があったのです。ところが国はSPEEDI情報の提供を、それがまさに必要とされる時点で避難者の人たちに提供しませんでした。にもかかわらず、国はそのことで何も法的責任を追及されませんでした。

避難者が避難を決定した行為を「自己決定権」という人権の行使と捉え、SPEEDI情報の提供を求める行為を「知る権利」という人権の行使と捉えたとき初めて、国のSPEEDI情報の不開示が避難者に対する人権侵害となるのです。この意味で、人権とは私たち自身が発見して見出すものなのです。

そして、この「個人の自決権」は、日本国憲法の基本原理である「国民主権」の基礎となるものです。311後に、市民が各自、放射能の危険を避けるために避難するかどうかを決定する行為を基礎付けるのに「個人の自決権」という原理が有力でしたが、この行為は同時に「国民主権」という原理からも基礎づけられるものです。

「個人の自決権」とは、「自分の生き方、身の処し方、暮らし方は自分自身の選択で決定することができ、その選択に他人や権力が介入することは許されない」というものです。そこで、「自分の生き方」とは自分自身の生き方であるのは当然ですが、それにとどまらず、その範囲が広がって、自分の家庭での生き方、自分の住む地域での生き方、自分の住む国での生き方も、同様に自己決定して決めていくものであることを含んでいます。

もっとも、そこでは、同じく自己決定権を有する対等な他者との間で人権相互の対立・衝突が発生します。その対立・衝突を調整するために、他者との合意に基づいて、その集団の決定をしていく必要があります。そのため、否応なしにその意見調整が必要になってきますが、原理はあくまでも、そこに参加する個々人の自己決定を基礎にして、その団体の意思が決定されると考えることができます。それが個人の自己決定権を基礎にした団体における「市民の自己統治」であり、これが国レベルでいうと「国民主権」ということになります。

前に書きました通り、市民の「自己決定」が人権の行使であるなら、「国民主権」に基づいて、国民からの信託により政治を担当している国や県は、市民がその人権の行使を全うできるように最善の支援をする法的義務を負います。原発事故についても、国や県の役人は、避難という重大な問題で「自己決定」を迫られた市民に対し、彼らに最も納得のいく、最も適切な自己決定が出来るように、必要かつ適切な情報を可能な限り提供する法的義務を負っていました。

これは言い換えれば、311直後の時点で、国や県の役人は避難という重大な問題で「自己決定」を迫られた市民に対し説明責任を負っていたということです。しかし、現実には、311直後は言うに及ばず、その後も今日現在まで終始一貫して、国や県の役人はこれらの市民に負っている説明責任を全く果たそうとしていません。従って、説明責任を果たす上で必要な情報提供も行わず、その結果、私たち市民は、311直後も、そして現在でもなお、放射能問題に対して適切な「自己決定」を下すことが困難であり、ずっと「自決の権利」を奪われたままでいるのです。「自決の権利」を奪われたままでいるということは、「国民主権」の主権者の地位をずうっと奪われたままでいるということで、国の言いなりになる臣民（しんみん）です。

国際人権法が311後の日本社会を変える

2023年10月25日、最高裁判所大法廷はとても大切な決定をしました。トランスジェンダーの法律上の性別認定の条件として断種手術を課す国内法を違憲と判断。この決定の根拠として、「国際人権法」に照らしてと理由を示したのです。

もともと法の体系には「下位の法令は上位の法令に従い、これに適合する必要がある」という掟があります。交通規制の法律で「車は左側通行」と決めたら、その下位の法令は全てこれに従って定められます。それが守られなかったら法体系は秩序が保たれず、機能しない。当然の掟です。

先に述べた最高裁大法廷の決定もこの当然の掟に従ったまでのことです。今回、法律の上位の法令として「国際人権法」があることを正面から認めただけです。日本で国際人権法が法律の上位の法令であることは、今さら言うまでもないことですが、この当たり前のことを、今回初めて正面から認めたのです（この掟のことを序列論あるいは上位規範（国際人権法）適合解釈と言います）。

ここで重要なことは、最高裁がこの大法廷決定で使った「日本の法令は国際人権法に適合するように解釈しなければならない」というカード、この原理の適用範囲は性同一性の法令と事件だけにとどまらないということです。

法規範は普遍的な性格を持ち、そのため、この上位規範（国際人権法）適合解釈という原理は、性同一性以外の法令にも、またそれ以外の事件にも適用されます。その結果、どういうことになるでしょうか。

第一に、この原理により、日本のあらゆる法令が国際人権法の観点から再解釈されることになります。これを真面目に本腰で検討したらどういうことになるか。それまで鎖国状態の中にあった日本の法令は、幕末の黒船到来以来の「文明開化」に負けない「国際人権法化」にさらされ、すっかり塗り替えられる可能性があります。

第二に、この原理は福島原発事故関連のすべての裁判に適用されることになります。これを真面目に本腰で検討したらどういうことになるか。その時、福島原発事故関連のすべての裁判のこれまでの判決はみんなひっくり返る可能性があります。

第三に、原発事故の救済について「ノールール（無法）＝法の欠缺」状態の補充（穴埋め）を上位規範である憲法や国際人権法に基づいて、これらに適合するように補充する必要があり、もしこれを承認するのであれば、これに従って欠缺の補充をしたらどういうことになるか。その時、国連人権委員会（当時）が定めた「国内避難に関する指導原則」等に示された被災者の人権保障によって、日本の法体系は全面的に補充されることになります。そして、この全面的に補充された法規範、これをトータルに示したのが、実は「チェルノブイリ法日本版」なのです。この意味で、「チェルノブイリ法日本版」は既に、「ノールール（無法）＝法の欠缺」状態が補充された法規範の中に埋め込まれているのです。それは私たち市民の手で掘り起こされるのを待っているのです。

【コラム】ぼくが「チェルノブイリ法日本版」を希う理由

柴原 洋一
市民が育てる「チェルノブイリ法日本版」の会
協同代表

反原発派市民の中には、「チェルノブイリ法日本版」（以下、日本版と略）に共感しない人びともいます。その理由を聞いて、次の３つについて考えてみました[1]。

ひとつは「日本版の必要性は分かるけれど、ではどう具体的に条例づくりを進めていけばいいのか、よく分からない」というもの。これは、反原発の人であろうとなかろうと、ありうる感想でしょう。進め方については、当ブックレットを読んでいただければ、納得いただけるはずです。

ちなみに、条例案を議会に審議してもらう手続きは、直接請求・請願・議員提案、いずれでもあなたの町の実情に見合った方法を選べばいいでしょう。どれも難しい場合は、地元議会から国に対して日本版制定を求める意見書を出してもらう取り組みを先にして、条例制定への世論づくりをまず行ってはいかがでしょうか。

もうひとつの理由は「自分たちは原発をとめるために全力を尽くしているので、他のことに費やす時間とエネルギーはない」でした。これも理解できるのですが、何か違ってるように感じました。

現在の政府による原発事故被災者への仕打ちに憤り、根本的な救済法制定の緊急性を得心されているなら、立法化を進める人びとに向けてどんな言葉が生まれるでしょうか。そこはやはり「日本版は本当に大事だね、ぜひ実現したい、なかなか手が回らないけど、頑張ってください、応援してます」というものであってほしいのです。

三つ目の理由は「救済法制定は原発の存在を前提にしているから、反原発とは相容れない」または「原発推進政策への加担ではないか」というもの。実はこれが非共感の大きな理由なのかもしれません。しかし、考えてみれば反原発運動自体が原発の存在を前提として成立しています。反原発も救済法もそれぞれに原発存在への真摯な応答なのです。

また加担説についてですが、「原発を進めるから、事故被害救済法は必要」という論はあり得ても、「救済法があるから、安心して原発を稼働させられる」などとは推進論者でも言わないでしょう。加担にはなり得ません。

かく言うぼくも、反原発派。芦浜原発計画に反対した三重県の旧南島町住民のお手伝いを17年間させてもらいました。反対闘争によって2000年に計画を白紙撤回に追い込むまで住民は37年間にわたって世代を継いで死力を尽くしたのです（詳しくは月兎舎刊の拙著『原発の断りかた　ぼくの芦浜闘争記』をご参照あれ）。

地元漁協で60年前に決議された文言をお読みください。

「万一を考えて辺地を選んだ」「放射能による海の汚染」「大量の冷却水による水産資源への影響」「人体への影響」「魚に蓄積」「廃棄物の処理は完全ではない」

フクシマを見てしまった今では、天啓のようにすら聞こえます。

しかし抵抗する地元には、電力会社がばら撒いた金によって分断と対立が持ち込まれ、小さな村の人間関係は破壊されました。核施設は、住民を分断しないと作れないものだったからです。このことだけでも原発は認められません。

芦浜では、大きな犠牲を払いながらも原発計画を食いとめました。だからこそぼくは悔しいのです。福島第一原発事故によって放射能汚染が起きてしまったことが。今も原発が稼働する日本のありようが。

次の瞬間に爆発しないとはもう誰にも言えない。福島事故は起きたのですから。だが実を言えば、米国スリーマイル島原発事故は70年代、旧ソ連チェルノブイリ事故は80年代です。すでに40年も50年も前から、事故が起きないなどとは言えなくなっていたのでした。

それでもなお私たちの国には核被害を防止する法律も、被害者を救済する実際的な制度も用意されてはいなかったのです。ぼく自身もそれを要求してきませんでした。放射能災害は必ず起きると言いながら、痛切には分かってなかったのだと、３１１後の現実を見て愕然としました。

もう二度とこのような想いをしたくない。だからこそ原発は即時全廃したいし、今すぐ救済の法と制度を備えたいのです。

たとえ原発に反対しようと事故は待ってはくれません。再び子供たちを恐怖と不安に陥れないために日本版を作りたい。

そして、もし事故に至るまでに廃絶できたとしても、放射能は生み出されてしまっています。地中深く埋めても、地下水によって、あるいは大地の動乱によって、地上に出てくる危険を伴う。それが日本の避けられない現実です。本来であれば１００万年の管理が必要な核のごみ。原発をとめても被曝のリスクは継続し、放射能災害の恐怖は「永遠」に続きます。

どうあっても今すぐ日本版が要るのです。

旧南島町の人びとは人生を賭けて原発阻止を実現しました。ぼくもそのようにして日本版制定を実現したい。

付記

［1］理由の聴取と分類については、市民が育てる「チェルノブイリ法日本版」の会・正会員の酒田雅人さん（福井県在住）にご協力いただきました。

理不尽に屈しない

「チェルノブイリ法日本版」は、単なるユートピアとして構想しているわけではありません。むしろその反対で、福島原発事故で赤裸々に命の脅威にさらされた被災者に対する理不尽としか言いようのない政府の政策、措置に対して「それはおかしいんじゃないですか」という抵抗の中で構想してきたのが「チェルノブイリ法日本版」です。

この政府の政策の筆頭が文科省のいわゆる20ミリシーベルト通知。原発事故から一ヶ月後の2011年4月、文科省は、福島県の子どもたちの集団避難を実施するのではなくて、福島県内の学校に限って、放射線の安全基準を20倍に引き上げました。その結果、福島県の子どもたちの集団避難はなくなりました。福島県の子どもたちだけ2011年3月以降、放射線に対する感受性が20倍下がったから、これしか文科省通知の正当性は説明できません。私たちはこの理不尽な政策を忘れることができません（第1章参照）。

同年6月に、福島県郡山市の子ども14人が郡山市を相手に、「せめて、一般市民（大人）の防護基準とされている年間1ミリシーベルト以下の環境で子どもの教育を実施せよ」と、緊急の申立てを行った裁判（ふくしま集団疎開裁判）で、2013年4月に仙台高等裁判所は、子どもたちの申立てを却下する決定を下しました。決定の中で「福島の子どもたちは危ない。避難するしか手段はない」と認定したのに、結論として「被告郡山市に子どもたちを避難させる義務はない」と訴えを退けたのです。せめて大人並みの防護基準の環境で教育を実施して欲しいという子どもたちの願いは司法により蹴散らされてしまいました。私たちはこの理不尽な裁判所の決定を忘れることができません。

２０１５年６月、福島県の内堀知事は、福島原発事故の自主避難者が避難先として身を寄せる仮設住宅の無償支援を２０１７年３月末をもって打ち切ると、自主避難者の意見も聞かずに決めました。そして、２０２０年３月、福島県は、その後も仮設住宅に身を寄せる自主避難者に退去を求めて提訴しました。

この提訴に対して、国連人権理事会から任命されたセシリア・ヒメネス＝ダマリー国連特別報告者は、２０２２年、「避難者（国内避難民）への人権侵害になりかねない」と警鐘を鳴らしました。国際世論を代弁するこの警告は「福島県の提訴は国際人権法が国内避難民に保障する居住の権利を侵害するものであり、許されない」という被告避難者の主張と軌を一にするものですが、福島県はものともしません。私たちはこの理不尽な福島県の提訴と振舞いを忘れることができません。

「チェルノブイリ法日本版」がほかの原発事故の救済法に対し際立っているのは、「チェルノブイリ法日本版」が先に述べたような政府の理不尽な政策、措置に対して、明確にノーと表明していること、その非人道性を全面的に否定し、原発事故で脅かされた被災者の人権を断固として擁護する姿勢を明確に表明していることです。そして第４章で述べるように、市民主導による市民立法という直接民主主義を通じて、人権保障を実現していきたいと考えています。

自分のいのちの主人公になる

人間にとって最も貴いことは「個人の尊厳」です。それは、自分が「自分のいのちの主人公になる」ことです。その時、自分を人間として扱わない社会の不正義に対して、「私を人間として扱え」という声が自然と湧き上がってきます。それが「人権」の出発であり、それがまた放射能災害における「人権」を保障する「チェルノブイリ法日本版」の出発でもあります。言い換えると、この「チェルノブイリ法日本版」が想定している市民というのは「個人の尊厳」が尊重された市民、すなわち自分が「自分のいのちの主人公になる」ことを決意し、実行しようとする人たちのことなのです。同時にそれは、国民主権を宣言した日本国憲法が主権者である私たちに託していることなのです。

つまり、国民主権からすれば、政治の決定において、市民が主人公となるだけではなく、各人の命の営みにおいても、市民が主人公になるのが当然である、と。だから、放射能災害から市民の命をどうやって守っていくか、という問題の決定も、本来は、主人公である私たち市民の中から決定していくものなのです。福島県知事が、当事者である自主避難者の声も聞かずに、仮設住宅の無償支援の打切りを一方的に決定したことが憲法の国民主権の基本原理をいかに踏みにじるものか、一目瞭然です。

「人権」は、人がただ人であることにのみ基づいて認められた権利です。オギャーと生まれてから亡くなるまでの間、切れ目なく認められるのが「人権」です。災害が発生したからといって中断されることはありません。

そこからすると、不思議なことに日本の法律には災害における「人権」という発想がありません。その結果、福島原発事故直後、長崎から福島入りした山下俊一氏のような人が、講演で市民に向けて堂々と「国の指針が出た段階では国の指針に従うと、国民の義務だと思います」と表明したのは日本の法律に災害における「人権」を定めていないからできたことです。

けれど既に半世紀前、東京都の公害防止条例（1969年）は、前文ではっきりと「人権」を謳っていたのです。「すべて都民は、健康で安全かつ快適な生活を営む権利を有する」――これをモデルにして、「チェルノブイリ法日本版」の前文も作られています。（巻末の条例案サンプルの前文を参照）

「チェルノブイリ法日本版」条例案　前文

○○（自治体名を挿入）市民は、全世界の市民が、ひとしく恐怖と欠乏から免かれ、平和のうちに健やかに生存する権利を個人の尊厳に由来する基本的人権として有することを確認し、なにびとといえども、原子力発電所事故に代表される放射能災害から命と健康と暮らしが守られることが憲法により保障される基本的人権であることをここに宣言し、この条例を制定する。

「チェルノブイリ法日本版」は、先に述べた「人権」の本質の帰結として、原発事故が発生したからといって、被災者は一瞬たりとも「人権」を喪失することがないこと、国家も人権保障を実行する義務を一瞬たりとも免れないことを確認したものです。本条例の前文は放射能災害に対する日本で最初の人権宣言でもあるのです。

「チェルノブイリ法日本版」を、強制避難区域の人たちに対する救済制度のように、国の避難指示に従った人たちが、「国や自治体から施し物を受ける」制度と考えている人がいるかもしれません。しかし、「チェルノブイリ法日本版」は、決してそのような施し物の制度ではありません。「チェルノブイリ法日本版」は、この国に救済制度の根本的な精神である「市民とは国の命令に従う見返りとして国から有難い施しを受けるという受け身の存在である」ことを根本から否定します。

「チェルノブイリ法日本版」は、放射能災害に遭遇した市民が、自分の命、健康、暮らしの再建のために避難し、移住すると自分で決めた時に、手にすることができる援助や利用できる制度を具体的にまとめたものです。人間らしい生活を実現するために、何をするかをまず自ら自己決定し、その上で、その実現に必要な援助を国に要求する主体的、能動的な存在であることを宣言するものです。

まず「逃げる」こと

放射能災害に遭遇した市民にとって「人権」の最初の一歩は、「逃げる」ことです。「逃げる」ことは、自分で自分の命、健康、暮らしを守るために自己決定した結果、言い換えれば、自分が「自分のいのちの主人公」になることを決断した結果だからです。

日本では逃げることはとかく卑怯だとか、非国民だとかネガティブな評価が幅を利かせています。でも世界は違います。ドイツの作家ミヒャエル・エンデは『はてしない物語』を例にあげてこう語っています。

『はてしない物語』でたいせつなのはね、バスチアンの心の成長のプロセスなんだ。彼はとにかくまず、自分の問題と対決することを学ばなくてはならない。彼は逃げ出す。けれども逃げることは必要なんだ。なにしろ、逃げることによって彼は変わるんだし、自分というものを新しく意識するようになる。そのおかげで、世界というものに取り組めるようになる。
ミヒャエル・エンデほか『オリーブの森で語りあう』[1]

いかなる環境においても、その中でどのような生き方を選択するかは、第一義的に当事者である市民が自己決定することであり、この自己決定に基づいて作られた法律が「チェルノブイリ法日本版」なのです。

そこで原発事故が発生したら、人々が放射能という「見えない、臭わない、味もしない」毒から逃げて、初期被ばくを避けようとするのは極めて真っ当なことです。そこで、人々がそのような避難行為を全うできるように、事故直後に緊急避難としての「避難の権利」を保障しています（巻末の条例案サンプル14条を参照）。これはチェルノブイリ事故から5年後に制定された「チェルノブイリ法」にはない、「チェルノブイリ法日本版」に特有の、しかも本来の放射能災害からの救済にとって不可欠の最も重要な人権保障です。

現代の科学技術の水準では、ひとたび原発事故が発生したら放射性物質の封じ込めは不可能です。なおかつ人間の身体は放射線には勝てません。この現状認識から導かれる結論は、ひとたび原発事故が発生した場合、最善の救助策は人びとを原発から拡散した放射性物質から遠ざけること、つまり「逃げる」しかないのです。

そこで、避難の具体的な第一歩は、事故直後に、原発から拡散した放射性物質に被ばくしないためにどの方向に向かって避難するのがベストか、これを知ることです。命、健康、暮らしの保障のため、とにかく安全な地点まで、命、健康を損なうことなく、避難することです。

チェルノブイリ事故では、政府は周辺住民に汚染状況を知らせなかったのですが、事故から3年後に汚染地図が公開され、そこで、多くの周辺住民が避難した北東部（ゴメリ地区）が避難元よりも高濃度に汚染されていたことがわかったのです。それを知った人々の怒りが、「チェルノブイリ法」の制定につながったといいます。

福島原発事故でも、この悲劇は繰り返されました。事故直後の3月12〜15日に、浪江町の住民らが北西部に向かって一生懸命避難したとき、まさにその方向に高濃度のプルーム（放射性物質の雲）が原発から放出されていたのでした。取り返しのつかない初期被ばくを余儀なくされたのです。しかし、それは避けられた人災でした。

日本政府は、いちおう原発事故を想定した対策を立てていましたが、いざ福島原発事故が発生すると原発周辺に設置されたモニタリングポストの多くが作動しませんでした。ＳＰＥＥＤＩで計算された情報も速やかに提供されませんでした。さらに、事故発生直後に、福島原発から5キロの地点（大熊町）に、現地対策本部として指揮をとるオフサイトセンター（原子力災害対策センター）を設置しましたが、4日後に現地から撤退し、機能しませんでした。２０２４年元日の能登半島地震においても、志賀原発のモニタリングポストのシステムは機能せず、測定不可になりました。

このように、初期被ばくを避けるために必要な措置とシステムは行政の手にあり、その結果、住民は本来、避けられた無用な被ばくをさせられました。こうした痛恨の経験から、原発事故発生直後の放射能汚染状況を市民が自ら測定し、これを踏まえて正しく避難、対処する必要性があります。原発事故になれば行政は機能不全に陥る、それが過去の教訓です。

「チェルノブイリ法日本版」の実現に向けて、私たちは事故直後の汚染状況を市民が正しく知るために、行政のモニタリングポストに代わる、「市民放射能測定システム」の構築を提案します。

〈実践への手引き〉「市民放射能測定システム」の立ち上げ

大庭 有二
市民が育てる「チェルノブイリ法日本版」の会
正会員

「チェルノブイリ法日本版」は原子力災害において避難の権利を明確にする法律や条例を目指すものです。これが何らかの形で有効になれば、法律や条例により原子力災害の被災者は自らの権利の行使と、行政による支援を受けることができるようになります。

一般に台風や地震などの災害は、その苦境を乗り切れば、元々生活していた場所で復興を目指すことが可能になります。しかし、原子力災害はそれとは大きく異なる点が幾つかあります。その一つが被ばくによる健康被害であり、これが一生つづくことで元々の生活への復興が困難になってしまうことが多いのです。そこで、原子力災害では放射線被ばくを可能な限り少なくする行動を取る必要があります。

1903年と1911年に2回のノーベル賞を受賞したキュリー夫人は放射性物質であるラジウム（Ra）等の研究を続け、その過程で受けた放射線被ばくにより再生不良性貧血を患い亡くなりました。当時は放射線防護の知識も必要性も理解できてなく、放射能の専門家ですら知らぬ間に無用な被ばくを受けて、病におちいったわけです。

放射線にはα線、β線、γ線の3種類がありますが、どれもが無味無臭であり、かつ熱さを全く感じないような放射線を浴びただけでも、遺伝子や細胞に大きなダメージを与えます。更に、弱い被ばくであっても繰り返して被ばくすることで、遺伝子や細胞にダメージを与える恐ろしい性質を持っています。

こうした理由で、原発事故のような大きな原子力災害が発生したときは、

第一には、放射線の多い場所にはできるだけ近づかないようにする。

第二には、拡散して近づいて来る放射能からは早め

に避難する。

こうした行動をとることで、被ばくが原因の病に陥らないようにする必要があります。

福島第一原発事故（福一事故）の際に放射性物質の雲（プルーム）が流れた痕跡が、放射能の汚染マップに示されています。これを見て思うのですが、プルームが通り過ぎた時にそれを知覚できなかった沢山の被災者の方々が、多量の被ばくを受けてしまったはずです。更に、そのプルームが地上に残していった放射性物質が長期間にわたり放射線を放ち、そこで暮らす人々を必要以上に被ばくさせてしまったはずだと。では、この人たちは、どのような情報を得れば無用な被ばくを減らすことができたのでしょうか。それには、

第一に、事故を起こした原子力施設から放射性物質が放出された事をまず認知する

第二に、発生した放射性物質の雲（プルーム）はどの方向に移動しているか

第三に、移動する速度はどのくらいか、

などが分からなくてはなりません。

こうした情報を各自が把握するには、各地に点在するモニタリングポストが計測している放射線量を地図上に示し、誰もがこれをネット上で見られることが好ましいと思います。

原子力規制庁が設置している全国のモニタリングポストに関して調べてみると、「放射線モニタリング情報共有・公表システム」の中に「放射線量測定マップ」があります。（https://www.erms.nsr.go.jp/nra-ramis-webg/参照）

このマップは、全国に54基もある原発立地付近や横須賀の米軍の港の周辺などはかなりの密度でデータが存在します。しかし、静岡県の浜岡原発から西へ約120㎞の私の住む小田原市周辺では、半径30㎞の円の中に4か所のデータがあるだけです。更に、データの更新頻度は場所によって異なり、おおよそ10分から1時間の間隔です。これでは、先に述べた放射性物質の

雲の移動方向や速度を推定することはできません。

やはり、かなりの密度のデータが必要であるとともに、風向を矢印で示す地図と同様に、何分か前から、どの方向に、どのくらいの速度で雲が移動したか、矢印（「動きベクトル」と言います）で示す「動きベクトル地図」があると、更に分かりやすいと考えています。

それには多くの方からのデータ提供が必要であり、全国の協力者がモニタリングポストの役割をする放射能測定器を自宅に設置し、そのデータを常時ネットで集積する仕組みが必要となります。

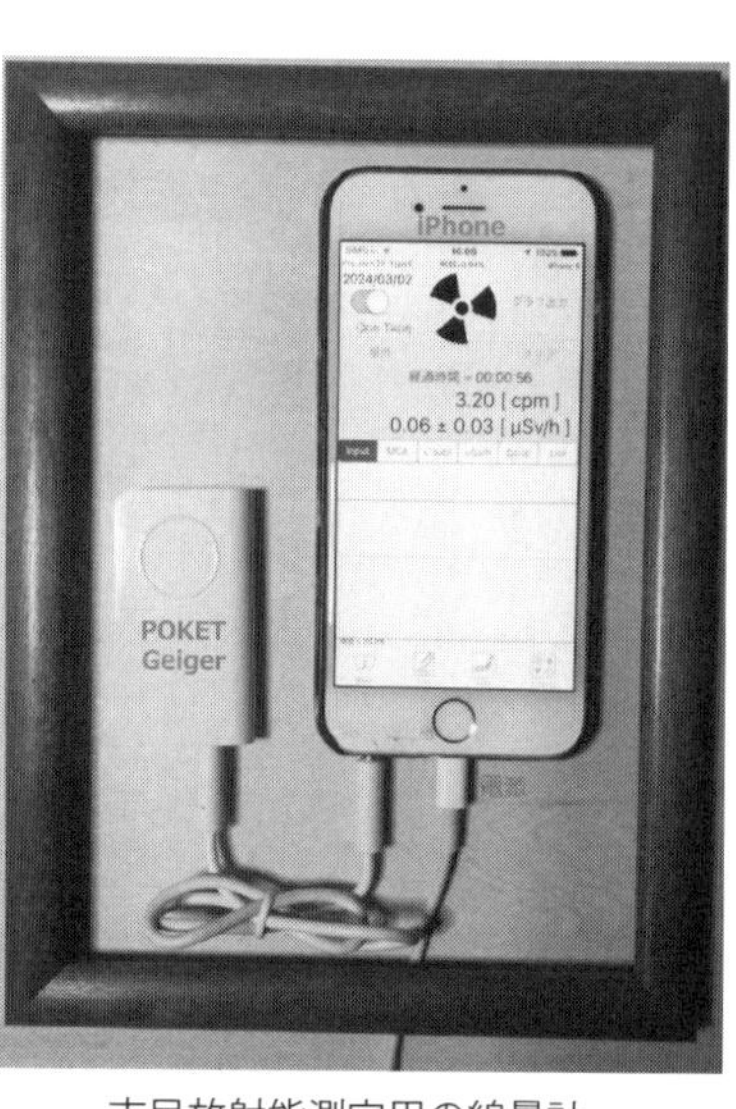

市民放射能測定用の線量計

これを目標とした「市民放射能測定システム」の構築が、「チェルノブイリ法日本版」の成立とともに望まれます。その測定器の候補の1つとして、福一事故が起こって数年経った時に個人的に入手したスマートフォン接続型線量計（品名：POCKET Geiger）があります。

写真は入手した線量計（POCKET Geiger）と中古のiPhoneを接続したイメージですが、これを各家庭の雨のかからない軒下などに設置して、Ｗｉ-Ｆｉ経由でサーバと通信するセットを考えています。

このセットでは、測定した放射線量と測定位置の情報（データ）を、スマートフォンを介してサーバに送り、そのデータをＷｅｂ上の地図（放射線量マップ）に示すことができました。ただし、入手当時は測定値を絶えず更新する機能は無く、サーバに送った過去の測定値だけを示す機能に留まっていました。

そこで、最近の研究状況を問い合わせたところ、電気通信大学の石垣陽氏（特任准教授）から回答を頂き、POCKET Geigerの販売は在庫限りになっているが、新たなセンサーチップの開発と私設のモニタリングポストの開発を行っているとのことでした。更に、原子力規制庁が設置している全国のモニタリングポスト情報を一元的に表示できるアプリを開発した、とのことでした。

そこで、こうした展開を注視しながら、「市民放射能測定システム」の確立を目指す必要性があると感じています。

その後ある程度落ち着いた段階で、今度は恒久的な避難をするかしないかをめぐって、恒久的な避難を決定した市民にこれが全うできるように「移住の権利」を保障しています（巻末の条例案サンプル11条を参照）。「チェルノブイリ法日本版」は、一つの権利を定めた法ではなく、様々な権利が集合し、まとめられた総合法で、「避難・移住の権利」の中心として、その周辺に、住民の命、健康、暮らしを守るために必要かつ十分な以下の様々な権利を束ねて構築していきます。

- 情報の開示請求権
- 放射性廃棄物に関する権利
- 人体・環境の放射能測定に関する権利
- 食の安全に関する権利

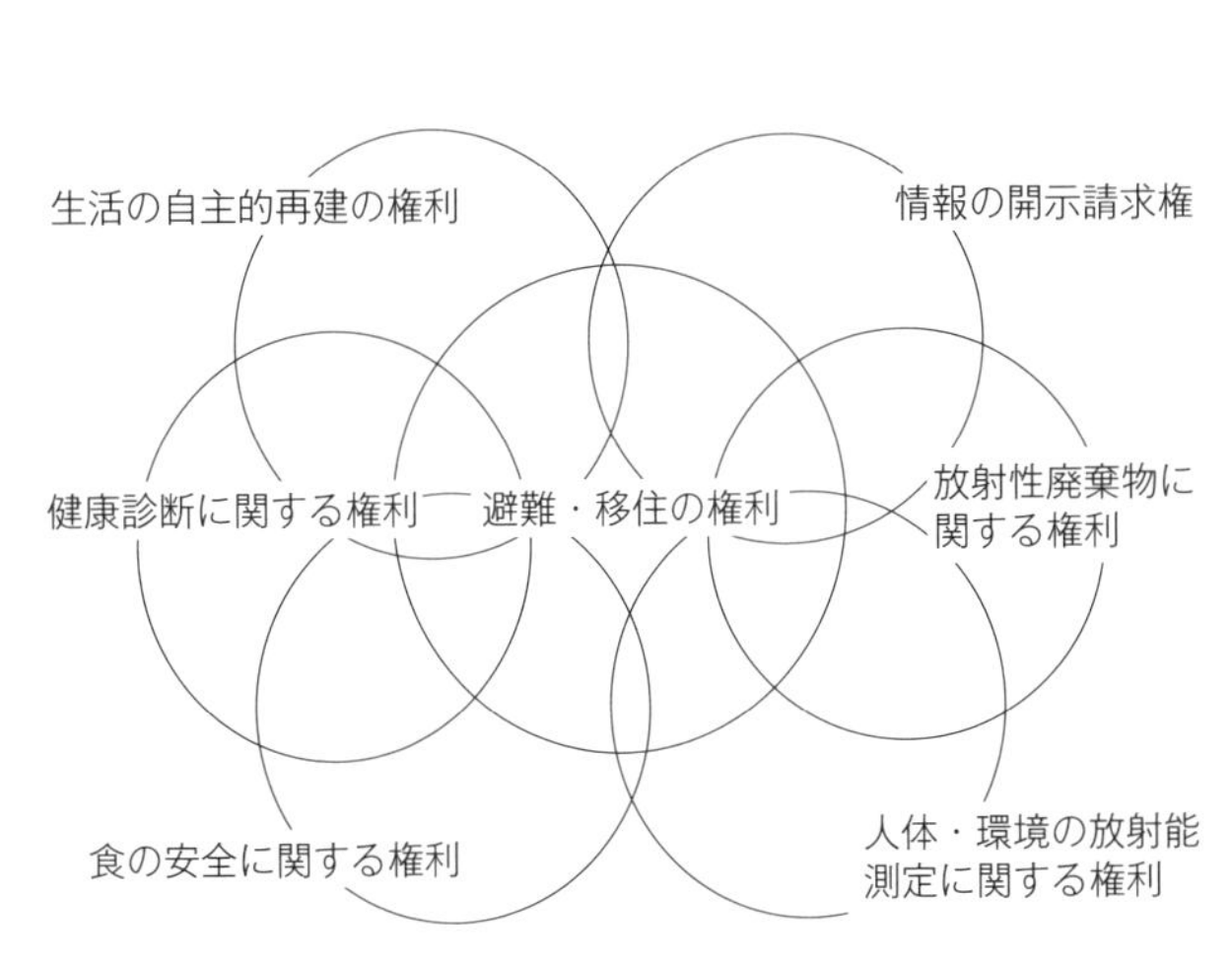

「チェルノブイリ法日本版」が保障する「人権」

• 健康診断に関する権利
• 生活の自主的再建の権利

「チェルノブイリ法日本版」は、事故直後であっても、その後のある程度落ち着いた時点であっても、とにかく放射性物質から人びとが避難すること、これを基本として、なおかつこれを「人権」として保障していきます。

〈実践への手引き〉安定ヨウ素剤を備えること——子どもたちの健康といのちを守るために

神奈川北央医療生活協同組合さがみ生協眼科・内科　内科部長
牛山　元美

原発事故が起きると、放射性ヨウ素や放射性セシウムが大気中に放出されます。

放射性ヨウ素を吸い込んだり、付着した野菜、また付着した草を食べた牛の牛乳を飲食すると、甲状腺がんが発生しやすくなります。

放射性ヨウ素を体に取り込む前に「安定ヨウ素剤」（ヨウ化カリウム）という薬を飲んでおけば、甲状腺がんになる危険性が減ります。

日本では、原発事故の際、1歳児の甲状腺等価線量（被ばく量）が100mSv（ミリシーベルト）以上になる可能性があれば安定ヨウ素剤を飲むべきとする指針があります。そのため、原発から半径5キロ圏内の自治体ではあらかじめ安定ヨウ素剤が配られ、半径30キロ圏内の自治体は事故が起きてから配布を検討することになっています。しかし、これでは不十分です。

2011年3月の東京電力福島第一原発事故では、安定ヨウ素剤を飲む基準を超える被ばくが予測された地域が福島県内だけで11市町村ありました。しかし、地震や津波による混乱もあり、自治体による安定ヨウ素剤の住民への迅速な配布や服用指示はほぼされず、配布されても説明不足で親が子どもに飲ませなかった例もありました。

放射性ヨウ素を吸い込んだ後では安定ヨウ素剤服用の効果は減るため、本来は、原発事故が起きたことを知ったら直ちに服用すべきです。

１９８６年のチェルノブイリ原発事故では放射性ヨウ素による小児甲状腺がんが急増しました。福島県は事故当時18歳以下だった県民に甲状腺検査を始め、この13年間で３７０人以上もの非常に多い甲状腺がんが見つかっています。中には再発して複数回手術を受けたり、肺に転移して治療に難渋している若者もいます。県や国は、被ばくとは関連ない、と主張していますが、事故直後の被ばく線量が正確に測られなかったために科学的な評価ができず、専門家の間でも意見が対立しています。

事故直後に福島の子どもの多くが安定ヨウ素剤を服用していたら、こうした事態にならなかったかもしれません。

日本は食生活でヨウ素を過剰摂取している地域だから、安定ヨウ素剤を飲む必要はない、という意見もありますが、最近の調査では、日本の子どもたちのヨウ素摂取量は、世界の中で決して多い方ではなく、むしろ平均値以下であることが示されています。

特に震災による避難生活の中、通常の和食、魚や海藻類を含む食事を摂れる可能性は下がります。そんな時でも安定ヨウ素剤を適切に飲めば、少しでも甲状腺がん発症の危険性を減らせます。

福島原発事故では、２５０キロ離れた東京の金町浄水場で基準値を超える放射性ヨウ素が検出され、23区や町田市などでは乳児のいる家庭にペットボトル入りの水が配られました。

日本には約60基の原発があり、ほとんどの国土が「原発から２５０キロ圏内」、つまり、どこにいても放射性ヨウ素に被ばくする可能性があります。

今年、元日に震度7の大地震が能登半島で起きました。能登半島の中ほどに位置する志賀原発は停止中でしたが、構内は震度5強だったのに地面に段差ができ、変圧器が2台損傷し19トンもの油が漏れ、８００体以上の使用済み核燃料が貯蔵され冷却されていた燃料プールの水が３００リットル以上漏れました。しかも、北陸電力の発表は次々と訂正され、社内の情報伝達不足まで露呈しました。電源の一部も途絶えました。もし電源が福島のように完全に喪失したなら福島同様の大惨事になっていたかもしれません。志賀原発が稼働していなかったこと、また、住民の意志で珠洲原発が建設されていなかったことに感謝するのみです。

日本は、地震多発地域なのに、原発は老朽化しても運転を延長させ、さらに増設しようとまでしています。再び原発事故の惨事が起きる確率は本当に高く、子どもたちを守るため、危機意識を持つためにも皆が安定ヨウ素剤を知り、備えておくべきです。

安定ヨウ素剤は年齢によって飲む量が異なり、またイソジンうがい薬などへのヨウ素アレルギーがあると飲めません。使用期限の5年ごとに交換が必要です。医師や薬剤師が配布時に詳しい飲み方を説明します。

原発事故に備えて自治体が配布したり備蓄する以外に、医師や薬剤師が自主的に住民に配布することについて、原子力規制委員会に尋ねてもはっきりした是非の回答は得られませんでした。黙認のような状況だと受け止めています。

原子力規制委員会の指針に従い、自治体での配布方法に準じて、問診票（ヨウ素アレルギーの有無や服用に影響する他の薬剤を飲んでいるかどうかなどの質問）に沿って、医師や薬剤師が確認した上でお渡ししています。

配布を希望される方は、「みんなのデータサイト」https://minnanods.net/ などでオンライン配布説明を行っていますので、ご利用ください。オンラインの利用が難しい方には、数人でも集まっていただければ、私が直接配布しに伺いますのでご連絡ください。(sgmmch-u@hokuoi-iryou.or.jp までメールをください)

いざという時に幼い子どもや妊婦・授乳婦さんにためらわずに飲んでもらえるように、多くの皆さんに安定ヨウ素剤について知っていただき、備えていただきたいです。

安定ヨウ素剤を備える必要があることを認識することが、原発の危険性への理解を深め、脱原発への一歩となり、未来をになう子どもたちの健康と命を守ることにつながると思います。

市民参加型の公共事業を創設する

上記の「人権」を実現するために、「チェルノブイリ法日本版」は必要な具体的な措置を講じていきます。その様々な措置を実現するためには、様々な形で、住民、市民の協力、支援、応援が不可欠となります。これだけの一大事業を一握りの専門家に解決策を委ね、実行を任せるという従来の行政主導型の公共事業では問題解決は困難です。社会的な問題は何でもかんでも国におんぶに抱っこというやり方が通用しないことはチェルノブイリ事故や福島原発事故の経験から明らかです。

そこで私たちは、市民が主導する新しいスタイルの公共事業を提案します。汚染地から避難する人々の、避難先での新しい人間関係、新しい生活、新しい仕事、新しい雇用を作り出していく、市民参加型の公共事業です。市民は国難に対して、相互扶助の精神で協力する責任を負います。

原発事故という国難に対し、文字通り、オールジャパンで市民が参加して、避難者と一緒になって「避難・移住の権利」の実現プロジェクトを遂行すること。そして、避難者の避難先での経済的自立の道筋として、各自の自助努力（新自由主義）でも、国への全面的な依存（福祉国家）でもない第三の道として、相互扶助の協同組合のスタイルを提案します。

「住民が経済的に自立する」という目標をただの謳い文句ではなく、生きたカタチにした一つが、「みんなで働き（協同労働）、みんなで運営する（協同経営）」という協同組合です。「人はバラバラでは外敵に対し孤立・無力だが、連帯したときは負けない」という単純な真理を経済活動に応用していきます。

原発事故が突きつけた問題である「経済的自立の困難と人間的孤独の継続」を解決する「経済的自立とコミュニティ回復」という経済的救済、これをカタチにする、もう一つの経済復興は可能なのです。そのモデルはスペインのモンドラゴンの挑戦です。

モンドラゴンとは、１９３０年代のスペイン内戦で敗北し、荒廃し、見放されたスペイン・バスク地方の寒村モンドラゴンで、28歳の神父ホセ・マリーア・アリスメンディアリエタたちが始めた経済再建のための協同組合でした。最近の年次報告書[2]などによると、81の協同組合、12の研究開発センターなどを所有するグループであり、金融、産業、流通、知識の4分野で、7万人を雇用。２０２２年会計年度の売上高は１０６億７００万ユーロ、スペイン有数の企業に成長しています。

今まで、人に雇われて仕事をしてきたことはあっても、経営した経験なんかないから、無理だと尻込みする人がいるかもしれません。でも、心配ありません。生まれながら経営者だった人は1人もいません。みんなゼロから出発したのです。学ぶ意欲と勇気さえあれば大丈夫。モンドラゴンの人々もこう言っています。

《モンドラゴンの人たちは言う――モンドラゴンはユートピアではないし、自分たちも天使ではないと……ただ一緒に生き残る賢明な道を探しただけだと。》　（映画『スペイン　モンドラゴンの奇跡』より）

私たちも、勇気を出して、一緒に生き残る賢明な道を探しましょう。そして、経済的にも精神的にも自立しましょう。それが「もうひとつの復興、モンドラゴンの挑戦」を再定義し、私たちの未来をカタチにすることです。

モンドラゴンをモデルとし、相互扶助と自助努力で起業し、その中で生活再建を成し遂げる協同組合活動を具体化していきましょう。日本でも協同組合を支援する法律、労働者協同組合法（労協法）が２０２２年10月１日に施行されました。

これまで日本では、第二次世界大戦後の失業者対策での就労創出運動から出発した「日本労働者協同組合（ワーカーズコープ）連合会」や、生活クラブ生協の運動から始まった「ワーカーズ・コレクティブネットワークジャパン」など、実態として労働者協同組合（労協）を運営してきた団体がありましたが、根拠となる法律がありませんでした。
労協は多様な働き方を実現しつつ、地域の課題に取り組むための選択肢の一つとして、労働者が組合員として出資し、その意見を反映して、自ら経営することを基本原理とする法人制度のことです。労協法を活用して、放射能災害の避難者は避難先でみずから就労の場を作り出すことができます。同法7条1項では、持続可能で活力ある地域社会の実現に資する事業であれば、原則として自由に行うことができるとしています。

すべての労働者が同時に資本家＝経営者になる協同組合では、協同労働＝協同経営の組織ですから、そこでは資本家対労働者のような対立関係、敵と味方に分かれるような関係はありません。すべての労働者が尊重され、共存していきます。株式会社の株主と異なり、出資額にかかわらず、組合員は平等に一人一票の議決権と選挙権を保有し、組合員が平等の立場で、話し合い、合意形成をはかりながら事業を実施します。

こうした協同組合の本質は、このブックレットで議論してきた「人権」の本質の論理必然的な帰結と言えます。或いは、協同組合と「人権」は同じ本質から派生したものだとも言えます。ともあれ、両者は不可分一体なものです。

マルクスは「対等な個人が自由なアソシエートを作る」中で、理想的なコミュニズムが登場するということを言ったのですが、この「対等な個人が自由なアソシエートを作る」というのがまさに協同組合であり、それは同時に、このブックレットで議論してきた「人権」を実現する新しい社会システムだと言えます。[3]

付記

[1] ミヒャエル・エンデ、E・エプラー、H・テヒル『オリーブの森で語りあう——ファンタジー・文化・政治』丘沢静也訳（1984年、岩波書店）53頁

[2] モンドラゴンの年次報告書を参照。https://www.mondragon-corporation.com/urtekotxostena/ 参照（2024年3月1日にアクセス）

[3] 柄谷行人編著『可能なるコミュニズム』（1999年、太田出版）参照

【コラム】「チェルノブイリ法日本版」がないための苦しみ

遠藤 のぶ子
首都圏の市民団体メンバー

福島原発事故は起きてしまいました。そして、私達の住む町を放射性物質で汚染してしまったのです。とても残念なことですが、それは事実であり、私達はそれを認めないといけません。そしてそこから、子ども達をどうやって守っていくか、現実を見つめて考えないといけません。ですが、学校は保護者の真剣な思いを受け止めてはくれませんでした。

学校は、子ども達を健やかに、元気に、無事に成長させるための場所ではないのですか？　私はそう信じていました。でも今の学校は、子ども達を親の手から引き離し、被曝を強いる場所となってしまっています。私はそのような場所にこれ以上子どもを通わせることが耐えられず、2学期からより線量の低い県外の学校に娘を転校させました。

……

私の周りでは、子どもを避難させたいけれどできない、という声を聞きます。仕事や持家の都合や、家族の理解が得られない、とか、行き先が決まらない、とか、貯金がない、とか、理由はさまざまです。一方、引っ越しを決めた人もいます。毎週末、何時間もかけて場所を探しに通ってようやく決めた、という人もいます。私のまわりでも子ども達の体調不良が相次いでいますが、夏休み中に保養に行っている間は症状が治まったが、帰ってきたらぶり返してしまったため引っ越しを決めた、という人もいます。もちろん病院に行っても放射線障害とは認められないため、自力での移住しかありません。私の子ども達は今のところ目立った症状はありませんが、いつ体調を崩すかと不安になります。

……

私が住んでいる地域の子ども達は、当然、今も普通に学校に通っています。それを見ると、私は強迫観念にかられた頭のおかしい母親なのか、と自分で思って悲しくなることがあります。放射能は目に見えないし、においもしません。いっそみんな、具合が悪くなればいいのに、と本気で思います。そうすれば、放射能がそこにあることを、誰もが認め、慌てて対処するでしょう。慌てて子ども達をそこから遠ざけるようにするでしょう。

でも放射能の影響は、そういう形では出ません。そして後からもっとひどい形で出てくるかもしれない。でもその時、行政はそれが原発事故の放射能によるものだと認めてくれるでしょうか？　私は信じられないから、子どもを無理やり転校させました。こんな選択に、自由は存在しません。これしか道がなかったから、私と娘はこのような離れ離れの暮らしをしています。娘にとっても、いいはずがありません。多くの人が、この生活の困難さを予言します。まだ先は見えません。放射能というものの理不尽さを心から恨みます。

……

私は両親をガンで亡くしました。ガンで死ぬまでに、どれだけ苦しい思いをするかを、間近で見てきました。母は、小学生の私と妹を家に残して入院するたびに泣きました。私の花嫁姿を見るまでは、というのが口癖でした。最後は「死なせてくれ」と言って死んでいきました。それほど苦しい闘病でした。

父はガンのため、生きがいだった仕事を続けられなくなりました。抗がん剤の治療は想像を絶する苦しさだったようです。最後は自ら食事を絶ち、死んでいきました。

１００ｍＳｖでガンリスクが０・５％増えるだけ、と専門家の人がよく言いますが、大変違和感を覚えます。その数値自体が今回の原発事故の被害に適用できるものなのか、私自身は疑わしいと思いますが、それよりも、たとえば０・５％ガンリスクが上がる、ということがどういうことなのか、どれほどの人が、どれほどの時間、苦しい時間を過ごさねばならないか、そのことに思いをはせてほしいです。私は子どもが二人いますが、本当に幸せになってほしいと、ただそれだけを願って育てて来ました。つらい人生を送らせるために産んだのではありません。子どもはみんな、そうやって愛され、希望を持って生きていっていいはずです。その子ども達が、病気になって苦しい人生を送ることになるかもしれないのに、現状に放置されていることを考えると、それだけでもういたたまれない気持ちです。

付記
首都圏の市民団体の遠藤のぶ子さん（仮名）が、３１１直後に書かれた文書の一部を本人の許可を得て、転載しました。

第4章 どう実現させるのか——市民立法を目指す

新しい酒（「チェルノブイリ法日本版」）は新しい革袋（市民立法）に盛れ

第3章で述べた私たちのビジョンを実現するためには、今の行き詰まった議会制民主主義を克服することが必要です。日本の「政治の機能不全」や「民主主義の機能不全」を嘆いているだけでは何も変わりません。議会制民主主義の機能不全を克服する道はあるのです。それが直接民主主義という民主主義の原点に戻る方法です。もともと民主主義とは文字通り、民が主＝主人公になるということです。直接民主主義とは主人公の市民が自ら主導して民主主義を実現するものであり、これが民主主義の本来の姿なのです。

日本の市民運動には、世に知られていない、或いは忘れ去られた、市民主導で命、健康、暮らしを守り「人権」を実現してきた民主主義の輝かしい歴史があります。古くは1872年に、江藤新平らが、市民主導で「民が官を裁く」という当時としては画期的な行政訴訟を作りました（江藤が下野するとすぐ骨抜きにされましたが）。1954年には、東京・杉並の主婦から始まった日本最大の市民運動である水爆禁止署名運動がありました。

半世紀前、公害が高度経済成長の日本社会を覆い尽くした当時、私たちの先人は力を合わせてその再生に取り組み、そのおかげで、今の私たちの命と環境があります。1964年、三島・沼津の「石油コンビナート反対」運動の成功で、市民運動はそれまでの住民の役所への陳情というスタイルから人権を主張する自治体改革の運動へと転換しました[1]。こうした市民運動の盛り上がりを背景に、1969年、美濃部都政のもとで画期的な東京都公害防止条例の制定とそれに続く翌年、自民党佐藤内閣の「公害国会」で、世界最先端と言われる抜本的な公害対策を盛り込んだ公害対策基本法改定と関係14法が制定されるに至ったのです。

そして1990年代の半ばには、茨城県霞ヶ浦の再生で知られる「アサザプロジェクト」があります。NPO法人アサザ基金のホームページ[2]によると、絶滅に瀕していた水草アサザを救うために地域の人々が立ち上がり、学校や市民団体、企業、農林水産業、研究機関、行政などの多様な組織や人々が協働するネットワークが流域に広がり、湖の上流にある水源地から下流の湖までを被う様々な事業へと発展していきました。自然と共存する持続可能な循環型社会づくりには、これまでに延べ25万人、200を越える学校が参加しているといいます。

こうした無名の無数の市民たちの貴重な歴史的経験から学んで、私たちは直接民主主義と人権に基づく「市民立法」のやり方で「チェルノブイリ法日本版」の制定を目指します。それは「新しい酒は新しい革袋に盛れ」。「日本版」が「新しい酒」であり、「市民立法」が「新しい革袋」です。

私たちは全国の各地の自治体で、住民の主導により「チェルノブイリ法日本版」条例の制定を推進し、その積み重ねによって国会で同法を成立させることを目指しています。このすべてのプロセスを主権者である私たち市民が主導して行うことが「市民立法」です。つまり「チェルノブイリ法日本版は、私が作りました」と市民の誰もが胸を張って言える歴史を創ろうとするアクションのことです。

条例を作る手続きですが、条例案を議会に提出し、審議し、可決したら、首長（知事や市長など）が公布して、制定となります。条例案を提出できるのは次の三者：①首長　②議会自身（議員か委員会）③市民（「直接請求」か「請願」による）です。

「直接請求」は、法律に従って集めた有権者の50分の1以上の署名をつけて、議会事務局に提出し、首長が意見を付して議会に提案します。「請願」は、紹介議員は必須ですが、一人でも提出できますし、自由に集めた署名をつけてもかまいません。どちらも議会は可否を決しなければなりません。当然ながら否決されないで条例を実現するためには住民の力による働きかけが必要です。

「チェルノブイリ法日本版」条例を作るのに、あなたの町の状況に適した方法を選べばよいでしょう。ただし、いずれの手法も市民や議員や首長と協力しあって作るわけですが、そのプロセスを私たち市民が主体となって、市民が主導して、条例を実現することに意味があります。

誰かにお任せではなく、市民が考え抜き、市民の手で作り上げてこそ、制定後に法を実施させるために、市民が力を発揮できるのですから。でも、もちろん、やる気のある首長や議員ががんばって「チェルノブイリ法日本版」の実現に向けて突き進んでいくのなら、市民の主体性は確保しつつ、大いに応援・協力しましょう。

「市民が育てる『チェルノブイリ法日本版』の会」の結成

２０１７年5月、一人のお母さんの「チェルノブイリ法日本版の条例制定を一緒にやりませんか」という呼びかけ[3]から始まりました。その呼びかけに賛同、共鳴した市民が集まり、２０１８年3月に「市民が育てる『チェルノブイリ法日本版』の会」が、東京で結成されました。

日本各地で、自分たちの住む自治体で、「チェルノブイリ法日本版」の条例制定に向けてアクションを起こしています。２０２４年3月1日現在、正会員33名、賛助会員１１７名で、会員の所在地は、北海道、秋田、福島、千葉、茨城、埼玉、東京、静岡、愛知、三重、福井、兵庫、沖縄と広がっています。海外の会員もいます。

いくつかの地域で具体的に条例制定に取り組んでいます。三重県伊勢市では「直接請求」による方法で、２０１９年、２０２０年の二度、挑戦したものの、必要な署名数が集められず、さらにコロナ禍もあり断念。その一方で、福島県郡山市と東京都調布市では条例案ができた段階（２０２４年3月1日現在）にあります。

「市民が育てる『チェルノブイリ法日本版』の会」のブログ（https://chernobyl-law-injapan.blogspot.com/）を見ていただければ、その主張や歩みを確認いただけますし、講演会の録画など学習資料も満載です。このブックレットの巻末には、一つの参考として、条例案サンプル「チェルノブイリ法日本版」を収めました。皆さんもいっしょに「チェルノブイリ法日本版」を作りませんか？

〈実践への手引き〉署名を集める

福井県越前市での署名集めに実際に使われている署名用紙です。

【日本政府に原発事故健康被害から子供を守る法案を求める意見書】に関する請願に賛同します。

2011年3月11日に発生した東日本大震災から13年目となる2024年元日に起きた能登地震は、改めて自然の猛威の前に私たち人間の無力さを露わにしてしまいました。

いつかまた来る福島の悲劇再来に対して、現行法が何物をも救済し得ない事は、福島の教訓から明らかです。

チェルノブイリ事故の後、旧ソ連では一般に「チェルノブイリ法」と呼ばれる法律を作り被災者の様々な救済にあたり、その法律はソ連崩壊後もロシア、ウクライナ、ベラルーシ三国に引き継がれています。

原発の集中する敦賀半島から、近いところでは10数キロのところもある越前市では、能登の地震に鑑みた時、原発事故の恐怖が常に付きまといます。

そうした中で、いま私達に出来る事に思いを巡らせると、浮かぶことは予防原則としての救済を求める権利を明記した人権法の整備を日本政府に求める意見書を地方自治体議会より出して頂くことが、先ずは肝要だと考えます。

原発反対派も推進派も、消極的容認派も積極的容認派も、等しく救済を求める権利を明記した人権法を整備することが、次世代を担う子供たちを守る事に繋がると深く確信いたします。

請願への賛同署名をよろしくお願いいたします。

お名前	ご住所

署名集め用紙サンプル（福井県越前市の例）
作成：酒田雅人（市民が育てる「チェルノブイリ法日本版」の会・正会員）

〈実践への手引き〉仲間を見つける

自分と同じように、「チェルノブイリ法日本版」の必要性を実感し、そのために市民が自らアクションを起こそうという市民立法のアイデアに共感してもらえる人を見つける必要があります。

当会ではFacebook、Xなどのソーシャルメディアで発信していますので、そちらを検索したり、発信してみるのも一つのやり方です。また、ブログにはオンラインや各地での学習会等の情報が掲載されていますので、参加してみるのはどうでしょうか。

岡田 俊子
市民が育てる「チェルノブイリ法日本版」の会
協同代表

市民が育てる「チェルノブイリ法日本版」の会
Blog https://chernobyl-law-injapan.blogspot.com/
Facebook https://www.facebook.com/chernobyllow.japanvrsion
X @m4y1SamOEvOU7gf

市民が育てる「チェルノブイリ法日本版」の会に連絡（Eメール：genpatsuright@gmail.com）して、近くに問題意識を共有できる仲間がいないか、教えてもらうのも一つの手段です。

東京・杉並で始まった水爆禁止署名運動に学ぶ

「チェルノブイリ法日本版」制定の市民運動のモデルの一つに、1954年に東京・杉並で始まった水爆禁止署名運動があります。原水禁運動は日本史上最大の市民運動です。その発端となったのが杉並で始まった水爆禁止署名運動です。原水爆禁止に向けたこの初期の運動が成功したと言えるのは、反米といった特定の政策を掲げるものではなく、また特定の党派の運動ではなく、「水爆実験から命・健康を守る」この一点を訴えた、誰もが共感できる人権運動だったからと言えるでしょう。

運動の中心となった安井郁さんは、公民館で学びはじめた主婦たちの読書会「杉の子会」や婦人団体協議会（安井さんの呼びかけにより杉並の女性団体が結集した組織）参加の42団体等をひろく横につなぎながら、この「杉並協議会」を核にして、原水禁署名運動に取り組んでいきました。女性が中心となって、お互いに区域の担当を決め、署名簿をかかえて、戸口から戸口へと署名を求めて歩いたといいます。

当時の杉並区人口は約39万で、その7割に近い26万人以上の署名が集まったといいます。この署名運動は、全国各地で一斉に開始され、運動は全国津々浦々の町、村、職場に広がり、全国的に集約するセンターとして「原水爆禁止署名運動全国協議会」が結成され、１９５４年12月には署名も2千万を突破しました。翌年、１９５５年1月、「署名運動全国協議会」の全国大会は、「８月６日に広島で世界大会を開く」ことを決め、5月にはこのための「日本準備会」が結成され、第1回原水禁世界大会が広島で開催されました。その後、「日本準備会」と「署名運動全国協議会」が発展的に統合して「原水爆禁止日本協議会（日本原水協）」となっていきました。

「情報公開法」制定の経験に学ぶ

１９８０年代から９０年代にかけて、情報公開の法律を日本各地の市民の手で制定した経験があります。行政機関が保有する情報の情報公開（開示）請求手続きを定めた法律のことです。私たちはその前例にも学ぶことができます。市民が主権者となるために必須な「知る権利」という人権を実現することを求めた人権運動だったと言えるでしょう。

情報クリアリングハウスのウェブサイト[4]などによると、まずは１９８０年3月29日、「情報公開法を求める市民運動（以下「市民運動」）」の結成集会が開かれ、「知る権利」を具体的に保障する情報公開法の制定と情報公開の促進を目的とする市民団体が設立されました。

その背景には、ロッキード事件などの政治腐敗・汚職や公費の無駄遣い、サリドマイド・クロロキンなどの薬害などの真相究明が、公務員の守秘義務や企業秘密を盾に情報の非公開を貫かれるという社会情勢にありました。１９７９年９月に自由人権協会が開催したシンポジウム「情報公開制度を考える」をきっかけに、参加した市民グループを中心に情報公開制度の制定を実現する機運が盛り上がっていったといいます。

国レベルでの制定に先駆けて、情報公開の手続きに関する最初の条例は、１９８２年４月に山形県金山町で制定されています。その翌年には、神奈川県と埼玉県が同様の条例を制定。上記の「市民運動」と連携しながら、各地の自治体で、地元市民と議員、首長が協力して、情報公開のための条例が次々と作られていきました。その積み重ねの中から、１９９９年５月に国政レベルで「情報公開法」が制定されたのです。「チェルノブイリ法日本版」の実現は、「情報公開法」のように、まず全国の自治体で条例を制定し、その各地での積み重ねによって、国会で法律を成立させることを目指しています。

ＩＣＡＮの経験に学ぶ

市民の手で夢をカタチにした最近の例として、ＩＣＡＮ（核兵器廃絶国際キャンペーン）が主導した核兵器禁止条約の成立があります。２０１７年に国際連合で採択され、２０２１年に発効しました。ＩＣＡＮは２０１７年にはノーベル平和賞を受賞しています。「核兵器がもたらす破滅的な人道上の結末への注目を集め、核兵器を条約によって禁止するための革新的な努力をしてきたこと」が評価されたからです。

ＩＣＡＮは、核兵器禁止に関する国連条約の遵守と履行を促進する１００ケ国以上の非政府組織（ＮＧＯ）の連合体です。２００６年、オーストラリアのメルボルンで、医師、科学者、法律家らが中心となって作った市民グループです。そのＩＣＡＮがモデルにしたのが世界で最初に市民立法により実現した、１９９７年成立の対人地雷禁止条約（オタワ条約）。その交渉で重要な役割を果たした地雷禁止国際キャンペーンの成功に触発されたといいます。

核保有国や依存国の有無にかかわらず、各国は国際法に基づいて核兵器を禁止することができる、そう訴え続けました。その際、多様な団体と連携し、赤十字や同様の考えを持つ政府と協力することで、核兵器に関する議論を再構築し、核兵器の廃絶に向けた機運を生み出すことに貢献してきました。そして世界中のパートナーを通じて、広島や長崎でキノコ雲の下で生き延びた人たちの声は、その苦しみを二度と繰り返させたくないと願う多くの人々の声と結びつきました。私たちは中長期的な見通しの中で核兵器廃絶に向けてジワジワと取り組むＩＣＡＮの姿勢に多くを学ぶことができると思っています。

「生ける法」――市民立法のエッセンス

私たちの願う法律を成立させるためには、職業的専門家ではなく、無名の、無数の市民の連合する力こそ最強だと思います。そのためには、市民は観客ではなく、舞台の主役に立つ必要があります。もともと、法には二つの考え方があります。一つは国家が制定するものという考え方。その考え方の本質は法とは市民に対する強制、命令、制定者と市民は垂直（上下）の関係と捉えます。もう一つは、市民集団が自生、自ら生み出すものという考え方。その考え方の本質は法とは市民同士の合意であり、制定者と市民は水平（対等）の関係と捉えます。後者は「生ける法」と呼ばれる考え方です。

「生ける法」はオーストリアの法学者オイゲン・エールリッヒ（１８６２～１９２２）が提唱したもので、法とは制定するものでなく、生成するもの。議会の議決という瞬間で完結するものではなく、日々の市民の営々たる営みの中で、中身が生成されていくものです。市民の意識に支えられ、市民の現実の行動を支配するものとして見出される。それが「生ける法」で、これが社会をリードする、と。

「チェルノブイリ法日本版」の中身を生成していくのは、議会ではなく、他ならぬ主権者の私たち市民であり、それは制定の前から、日々の取り組みの中で生成することが山ほどあります。例えば、原子力発電所事故に備え、市民が安定ヨウ素剤を自主的に配布するネットワークを作る、或いは市民が自ら放射能の値を測定するネットワークを作るのは、その一例として挙げられるでしょう。

３１１以後、明らかになったことは、職業的専門家にお任せの間接民主主義の機能不全・破綻。この３１１以後の異常事態を是正する道の可能性は「市民の自己統治」（直接民主主義・連帯経済）の中にあるし、その中にしかないのではと考えます。「市民立法」は、「法の支配」の道具である法律を民主主義の原点、つまり主権者の市民自らがリーダーシップを発揮して、私たちが必要とする法律を制定していきます。これこそが、私たちが提案するもう一つの民主主義のビジョンです。

付記

［１］宮本憲一編「日本の公害の歴史的教訓」滋賀大学環境総合研究センター研究年報 Vol. 14 No.1（２０１７年）８頁

［２］ＮＰＯ法人アサザ基金のホームページ http://www.asaza.jp/ 参照（２０２４年3月1日にアクセス）

［３］呼びかけ文は「市民が育てる『チェルノブイリ法日本版』の会」のブログに掲載しています。https://chernobyl-law-injapan.blogspot.com/2017/05/blog-post.html（２０２４年3月1日にアクセス）

［４］詳しくは、情報公開クリアリングハウスのホームページ https://clearing-house.org/?page_id=23 参照（２０２４年3月1日にアクセス）

【コラム】希望としての「チェルノブイリ法日本版」

小川 晃弘
市民が育てる「チェルノブイリ法日本版」の会
協同代表

私は、「チェルノブイリ法日本版」に希望を見ています。

2011年の福島原発事故以来、研究対象として、日本社会の反原発運動を記録してきました。私は社会人類学の研究者なので、その成果を *Antinuclear Citizens: Sustainability Policy and Grassroots Activism in Post Fukushima Japan*（反核市民：ポストフクシマの日本における持続可能な政策と草の根のアクティビズム）として、2023年に英文で出版しました。

私は海外の大学を拠点にしているのですが、あの原発事故の後、市民社会の視点から、フクシマ後の日本社会を見てきました。東京都心で繰り広げられた反原発デモを見た時、日本社会にこんなエネルギーがまだあったのだと感動しました。子ども・被災者支援法を議員立法で作った時の国会議員と市民社会のコラボレーションや、全国各地に広がった再生可能エネルギーの取り組みには、新しい日本社会の息吹を感じました。原発輸出を阻止しようとするアジアの人たちとのネットワークは、日本が計画していたトルコの黒海沿岸の町シノップへの原発輸出を頓挫させました。それと前後して、ベトナム、イギリスのウェールズ北部のアングルシー島への原発輸出計画も中止となりました。

トルコで話を聞いたアクティビストの一人の言葉を、今でもしっかりと覚えています。「私たちは個人としてではなく、『反核市民』のグループとして闘っている。計画地に砂漠があろうと、豊かな景観があろうと、原発は絶対に作らせない」

フクシマの事故を見た世界のいくつかの国は、「脱原発」を選びました。オーストリアやイタリアは国民投票で原発を禁止しました。ドイツは2023年4月

15日、稼働していた最後の3基の原発を送電網から切り離し、「脱原発」が実現しました。ベルギー、スペインも脱原発を目指しています。

しかし、日本では、原発は止まりませんでした。そして、たぶん、今後も原発は止まらないのかもしれません。日本の原発は、日米原子力協定のフレームワークの中で位置付けられており、単に一国のエネルギー政策の話では終わらない、もっと複雑な国際政治の話でもあります。さらに、2023年末のCOP28では、世界の原子力発電設備容量を3倍に増加させるという宣言文書に日本も署名しました。今後は世界的にも原子力エネルギーと再生可能エネルギーのミックスが進められるのだろうと思います。

原発を稼働し続ける限り、必ず事故は起こります。しかし、たとえ原発事故が発生しても、被ばくしないように最大防御の行動を取ることが必要です。それができなかったフクシマの悲劇が再度繰り返されることは避けたいという思いから、私は「市民が育てる『チェルノブイリ法日本版』の会」の運動に参加しています。

「チェルノブイリ法日本版」があれば、今度、原発事故が起きても、被災者の命や健康、暮らしは守ることができる。今、自分の近くにあるあの原発が爆発したら、どこへ逃げて、生活をどう再建するのか。あなたはリアルに想像できますか？　このブックレットには、そのこたえがあります。

私にとって、「チェルノブイリ法日本版」の実現は、希望でもあるのと同時に、ギリギリの抵抗でもあるの

第5章

「命を守る未来の話」――ティティラットさんに聞く

ティティラット・ティップサムリットクンさんは、現代タイの市民運動をリードする一人です。バンコクにある国立タマサート大学法学部国際法センターで講師をされています。インターネット上での表現の自由をテーマに研究を進めており、タイの市民運動・市民団体と関わることが多いとのことです。また2023年7月まで、3年間にわたり、タイのアムネスティ・インターナショナルの理事長を務めました。

ティティラットさん

ティティラットさんは、タイに生まれ、15歳の時に来日。東京学芸大学附属高校を卒業したあと、京都大学法学部に進み、国際法と人権法をテーマに学びました。在学中には、フランスのストラスブール大学に1年間留学しました。ストラスブールには、人権分野で最も古い国際裁判所である欧州人権裁判所（1950年にローマで起草された欧州人権条約に基づき設立）があります。京都大学を卒業後は、神戸大学、ロンドン大学SOASの両大学院で学び修士号を取得し、タイに2014年に帰国しました。

ティティラットさんから見た「チェルノブイリ法日本版」について、2023年12月26日、『市民が育てる「チェルノブイリ法日本版」の会』協同代表の小川晃弘が、ズームでインタビューしました。

【小川】　ティティラットさんは、高校生の頃から、日本に住んでいらして、日本人の人権感覚についても、よく分かっていらっしゃると思います。タイでの人権運動と比較する時、ティティラットさんには何が見えますか？

【ティティラット】　まずタイの人権感覚の話をします。この3、4年間でものすごく変わったと思います。以前は、権利とか関係ない、人権とか分からない。人権を言う人たちは、都合のいい時だけ、訴えている。ポジティブなイメージもないし、人権団体で動いている人のなかでも、インスピレーション的に言っているだけという感じでした。しかし、アメリカやヨーロッパや香港での市民運動について、若者たちがソーシャルメディアで知り、アイデアを得ることもできます。そうしたなかで、訴えていいんだ、自分の権利なんだと理解して動き出しています。人権が教科書のなかのアイデアではなく、自分のものなんだと。これが絶対的な権利というわけではなく、政府が制限をしなくてはならない場合もあるんだけど、その制限していいものは何なのかという議論まで、短い期間で発展しました。

なぜそうなったか。「不満」です。「怒り」です。頑張って人権を訴える人たちもいたけれど、見過ごされていた、実らないという例をたくさん見てきた。辞めない、諦めないという姿勢は、多くの人の心に訴えたのではないかと思います。

２０１４年の軍事クーデターに反対した人たちは捕まったのですが、その後も運動をし続けて、今は何人か議員になっています。２０２０年からの市民運動でも、何人も議員になっています。ちゃんと政治に入っていく。政策を変えるんだったら、政党と一緒にやらなくてはいけない。交渉できる部分はしなくてはならないと。…人権に対して関係ないと考えている人はまだ多いかもしれないけれど、あるグループが、あんなに頑張って、社会を変えようとしている。それに対して、たぶん感謝はあると思います。それが選挙に反映されたのだと思います。

日本と比べると、日本には10年間ぐらい住んでいて、日本人の友だちもたくさんいます。日本は生活しやすい社会だと思います。平等でもあって、人々はお互い尊重しあっている。途上国では、社会格差がまだまだひどいです。例えば、お店で、店員さんが、経済的に自分より劣っているという理由から、同じ階級に見えなかったりして、悪い態度が正当化されたり。日本ではそういうことは少ないです。

日本では、社会に対する不満について、こんなに住みやすいのだから、少しぐらいの不満は我慢しようねと。例えば、学校に行って、先生の言っていることが大体正しいけれど、変だよねと、思うことがあっても、みんな反対しない。え?と思っても反対しないのが、私が知っている日本社会です。

日本人は社会的な知識を持っていて、教育もいいし、カリキュラムも整っている。テレビのニュースも知識(情報)を分かりやすく伝えている。みんな社会システム、政治システムを分かっているのに、なぜ、そういう知識があるのに、実際の運動に繋がらないのだろう。社会問題に対して、自分から積極的にその解決策を探そうとしないかなあと。そういうところに、エネルギーを注いでも実らない、社会は実際に変わらないかもねという感覚を、たぶん多くの人が共有しているのだと思います。そういうところにエネルギーを注ぐよりも、自分のキャリアを良くして、一会社員として働いた方が、これは自分のためでもあるし、社会のためでもあると正当化しているのではないかなと思います。

そうなると、社会問題を手に取り、訴える人たちって、ものすごく目立つことになるじゃないですか。みんなが幸せに生活しているのに、「いや、それはダメだよ」って。目立つ人たちが変人だって、まわりから思われる。センシティブ、考えすぎだと、冷たい目で見られる、というのが、私が感じたことです。

一般的な社会だと、(そういう変人に対して)邪魔だなと考える人が多いかも。…別に意見が一緒でなくても、(違う)意見も聞く、聞きやすい社会だったら、変わりやすいのかなと思います。気軽に他の人の声を聞きにいく、そういう姿勢を尊重する。受け入れようとする感覚が、日本社会は足りないのではないかと思います。何かを訴えるために、個々人が投資しなければならない資本、エネルギーがものすごく高い社会であると思います。

【小川】　市民が育てる「チェルノブイリ法日本版」の会のブログ（https://chernobyl-law-injapan.blogspot.com/）の情報を事前にお知らせしていますが、「チェルノブイリ法日本版」については、どのように理解しましたか？

【ティティラット】　要するに、「移住の権利」ですよね。みんなの「移住の権利」を守りたいという意味では、これは社会全体で共有できるはずのものです。衣食住の一つ、基本中の基本の権利です。

そして大切なのは、これをどうやって、みんなに伝えるか。移住する、つまり住む場所をなくしてしまうような状況、（そのような状況は）全人口が経験することではない、ある一部の人しか経験しないことですよね。自然災害とか、万が一のことが起きる時ですよね。

でも人って、「万が一は自分には起こらない」と信じている。みんなそう。そうでないと、不安で生きてられない。でも、日本って、自然災害をたくさん経験していますね。地震対策をこんなにやっている国はないと思います。それは、地震に対しては、万が一が自分に起こるということをわかっているからですよね。…万が一が自分にも起こりうるし、災害にあって、その時、住む場所も無くなってしまうのは大変だから、そうならないように、みんなの問題として共有しましょうというのが、「チェルノブイリ法日本版」ですよね。

原発事故を受けて、住む場所を変えなくてはならない人たち、あるいは影響を受けた人たちが裁判を起こしていますが、裁判は、現在の法システムの下で、個々人が自分が受ける侵害、被害を訴える、そして、自分が救済されるのみです。これが一般的な裁判の形で、同じような被害を受けた人たちを救うという役割は裁判にはない。裁判は今までに起きたことを救済する。だからこそ、正義が守られる。正義としての救済です。それを受けて、政策側が同様のダメージを受けた人を救済していくこともありますが、必ずしも義務としての救済ではありません。

でも、「チェルノブイリ法日本版」は、未来の話。万が一のことは絶対起こるから、起こった時に、みんなでみんなを守りましょう。起こったことに対する手当てではなくて、これから起こること、未来を一緒に考えることかなと思います。そうなると、みんなの問題として共有しやすいのではないかと思います。

【小川】 私たちは、これまでの「チェルノブイリ法日本版」を実現しようとする運動の中で、自分たちと同じように、認識の次元で、「チェルノブイリ法日本版」の必要性を実感し、そして実践の次元で、そのために市民が自らアクションを起こそうという市民立法のアイデアに共感してもらえる人を見つけたいと思ってきましたが、実際に仲間を見つけるのは本当に難しいと感じています。それが運動の閉塞感にもつながっています。

【ティティラット】 タイでの経験を、日本の運動と比較すると、この「チェルノブイリ法日本版」を実現する運動を成功させていくポイントは6つあると思います。

1 まずは現状に対する不満、怒り、危機感を共有する。

2 その不満、怒り、危機感を自分のグループだけでなく、違うグループにも、連帯の感覚を持つように伝える。例えば、環境問題のグループであったり、人権のグループであったり、居住権のグループであったり、問題意識を共有できそうなグループと連帯する。

3 それが成功の可能性があるということをちゃんと示す。運動のエネルギー、最初の怒りを保ち続けることは難しい。ある程度、運動していったら、これは何になるのか、目的を可視化する必要がある。(編注：巻末にある条例案の提示がその一例)

4 そして多様性を許容する社会でなければ、最初に立ち上がる人たちがいない。違う意見を持つ人たちを、少しでも聞くような社会を作れたら、運動がしやすい。

5 運動のエネルギーを、政策を考える人たちとつなげる。裁判でも、選挙でも、役人が自分の裁量のなかで意見を取り入れる。政策が市民の意見を取り入れやすい

システムにする。（編注：第4章で紹介した市民立法もその一つ）

6　国のリソース、お金を持っているかどうか。他の国では、1から5がそろっても、お金が回ってこない。けれど日本はお金を持っている国だから問題ない。[1]

この「チェルノブイリ法日本版」を実現しようとする運動で何が足りないかというと、現状に対する「怒り」はまだあって、それを社会に共有することもできているのだろうけれど、連帯の感覚が足りないのではないですか。怒りを持って動いている人たちは、同じ宿命を担っているということを共有できてないのではないですか。

成功するためには、いろいろな作戦があっていい訳だし、できるところからやる。（市民立法による）条例からはじまるというのもありうる訳だし。それを足していくのが必要ではないですか。

上記の1から3は、我々が何とかできるもので、4から6は社会のあり方のこと。多様性だとか、政策化が柔軟なシステムなのか、国にお金があるのかとか。まずは最初の3つをそろえることから、はじめてはどうでしょうか。

付記

［1］予算措置については、巻末の条例案サンプル16条で以下のように提案しています。

第16条（予算措置）

次の2案を併記する。

（第1案）

1　この条例の実施により○○市が経費を出費した場合、○○市は、放射能災害発生の原因となった原子力発電所等の設置者及び設置許可した国に対して、当該経費の求償権を有する。

2　○○市は、この条例の実施により○○市が出費する経費に充てるため、前項に定める原子力発電所等の設置者及び設置許可した国に対して、法定外目的税を課するものとする。その詳細は別途条例で定める。

（第2案）

1　この条例の実施により○○市が経費を出費した場合、○○市は、放射能災害発生の原因となった原子力発電所等の設置者、設置許可した国及び設置に同意した者に対して、当該経費の求償権を有する。

2　〇〇市は、この条例の実施により〇〇市が出費する経費に充てるため、前項に定める原子力発電所等の設置者、設置許可した国及び設置に同意した者に対して、法定外目的税を課するものとする。その詳細は別途条例で定める。

あとがき

柳原　敏夫
市民が育てる「チェルノブイリ法日本版」の会
協同代表・弁護士

このブックレットを、2017年、自ら命を絶った福島からの自主避難者Xの霊に捧げます[1]。もし、311までに、或いはせめて311から数年で「チェルノブイリ法日本版」が制定されていたなら、Xは死なずに済んだと思う。Xは福島原発事故のあと政府が勝手に線引きした強制避難区域の網から漏れ、谷間に落ちた。本人には何の責任もないのに、たまたま谷間に落ちてしまった。その結果、救済されない中、「命をかけて子どもを守る」と決断して自主避難を選択し努力してきたが力尽きてしまった。「チェルノブイリ法日本版」は、Xのような「迷えるひとりの市民」のためにあるのです。

先ごろ、ドキュメンタリー映画[2]で、太平洋戦争末期の沖縄戦のさなか、県知事が沖縄県庁を解散すると宣言したことを知りました。解散！　まっこと、非常事態のさなかに組織は解散もあり得る、と。沖縄県庁の解散のとき、その知事が残した遺言が「生きろ」、そして「今度こそ自尊自愛の社会を作ろう」。チェルノブイリ事故から5年後、ソ連は解散しました。その解散の直前に廃墟の中から誕生したのが「生きろ」を形にしたのが「チェルノブイリ法」。だから、日本の原発事故という非常事態の下で、「生きろ」を形にしたのが「チェルノブイリ法日本版」。311後の日本社会を解散して、今度こそ自尊自愛の社会を作ろうという誓いを形にしたのが「チェルノブイリ法日本版」です。

沖縄戦に巻き込まれた沖縄の市民は、程度の差はあれ、自分たちは本土防衛の盾にされた、捨てられたと感じています。そして、「本土防衛に殉ずる」という思想は沖縄戦で終わりませんでした。今なお脈々と厳然と生きています。福島原発事故に巻き込まれた福島の市民もまた、程度の差はあれ、自分たちは本土防衛の盾にされた、捨てられたと感じています。福島原発事故によって日本経済に支障を来してはならないと東北新幹線も東北自動車道も止めなかった。その一方で、福島県内の学校だけ安全基準を20倍に引き上げて、福島県内の学生が県外に集団避難するのを止めたからです。福島県民は子どもだけでなく、大人も公務員もみんな「本土防衛に殉ずる」思想を押し付けられたのです。この思想を解散し、「迷える市民ひとりひとりを救済する」という思想に置き換えたのが「チェルノブイリ法日本版」です。

再び、2017年自死した自主避難者Xについて。Xは日本政府の線引きにより強制避難区域の網から漏れてしまいました。でも、ひとたび世界に目を向けたとき、国際人権法の人権概念「国内避難民」によると、Xは「国内避難民」に該当する。日本政府も否定しません。

2002年、国外に移住した原爆の被爆者が起こした裁判で、大阪高裁は、判決で「被爆者はどこにいても被爆者という事実を直視せざるを得ない」と言いました。この普遍的な真理は福島原発事故の被災者にも当てはまります。つまり、「国内避難民は、どこから避難しても国内避難民」だから、強制避難区域外から自主避難したXも「国内避難民」として人権が保障されるのです。しかし、現実に、Xは「国内避難民」として国や福島県から守られなかったのです。そもそも国や福島県は自主避難者の数すら把握しなかったのですから。この人権侵害をただし、「迷えるひとりの市民」を救うのが「チェルノブイリ法日本版」です。

福島原発事故で県外に避難した自主避難者のうち国から提供された仮設住宅（国家公務員宿舎）に入居した人たちは、その後、そこから出て行くように求められ、退去できない自主避難者は退去の裁判にかけられています。ところが、その裁判を起こしたのは家主の国ではなく、入居と無関係な福島県です。しかも、福島県の主張は単なる「不法占拠者の立退き」問題の一点張り。自主避難者は何も好き好んで国家公務員宿舎に留まっているのではありません。多くが退去して新たな生活をスタートする経済的基盤が持てないために、やむなく留まっているのです。なぜなら、国も福島県も、自主避難者が避難先で生活再建できるように、就労支援をはじめとする必要な支援を何もせず、生活再建をもっぱら避難者自身の責任に押し付けているから。そもそも、福島から見も知らない都会に命からがら避難してきて、その都会でどうやって生活再建をしていったらよいのか、途方に暮れるのが当然ではないでしょうか。避難者はアルバイトや非正規労働者として日々の生活をしのぐのが精一杯であり、それ以上、経済的に自立できるだけの安定した仕事に就くことはまず不可能ではないでしょうか。でも、国も福島県もそんなことは百も承知で、自主避難者の生活再建を突き放しているのです。そして、２０１7年4月が来たら「はい、退去の時間です」と言い放って、言うことをきかないと裁判にかける。「迷える市民」を路頭に迷わせることしかしないのです。

そこには、国や福島県がひとりひとりの被災者の立場に立って「原発事故の被災者の真の救済はいかにあるべきか」というビジョンが何もありません。そして、これが３１１後の日本社会の縮図ではないでしょうか。そして、これが３１１後の私たち市民の不幸の源ではないでしょうか。

半世紀前、公害が日本社会を覆い尽くした当時、私たちの先人は公害日本を解散し、力を合わせてその再生に取り組み、命、環境を守りました。そのおかげで、今の私たちの命と環境があります。それを思い出し、今、３１１後の日本社会を解散して、ひとりひとりの被災者の立場に立って「原発事故の被災者の真の救済はいかにあるべきか」というビジョンに取り組むときではないでしょうか。これと正面から取り組むのが「チェルノブイリ法日本版」です。

私たちは、普段何気なく、太平洋戦争の惨禍を経て、日本は民主主義の憲法を制定し、人権が保障されるようになったと思っています。でも、そもそも憲法が人権を保障するとはどういうことでしょうか。それは六法全書の憲法に、人権を保障すると書かれていることでしょうか。ちがいます。書かれているだけでは足りないのです。人権を保障するかどうかは、現実に、人権侵害が発生したとき、それに対する日本社会の対応によって決まるのです。

もし、人権侵害が発生しても日本社会がその侵害の現実に目を背けるとき、たとえ憲法の条文に「人権を保障する」と書かれていても、それは絵に描いた餅にとどまります。半世紀前、公害が日本を覆い、市民の命、健康、暮らしを脅かした時、市民が立ち上がり、四大公害裁判をはじめとする様々な市民運動の中で、自分たちの命、健康、暮らしを守った。この行動が人権を保障するという意味です。だから、３１１で未曾有のカタストロフィに遭遇した日本社会が、再び、原発事故により目に見えない形で市民の命、健康、暮らしが脅かされているとき、この見えない試練にどう立ち向かうか、それが今、問われているのです。それで、人権を保障したという憲法が死文化するかどうかが決まるのです。その決め手となるのは半世紀前と同様、私たちひとりひとりの市民の行動であります。被災者「である」こと、避難民「である」だけでは足りない。被災者として、避難民として行動「する」ことが求められています。「である」ことから「する」ことに一歩踏み出すことが求められています。その一歩を踏み出すとき、私たちの旗となるのが「チェルノブイリ法日本版」です。

　原発事故後の日本社会を生きるとは「チェルノブイリ法日本版」を実現することです。

付記

［1］ＮＨＫ「何が彼女を追いつめたのか —— ある自主避難者の死」（２０２３年8月8日放送）https://www.nhk.jp/p/ts/GP9LGJJN9N/episode/te/KZQ2KL13KJ/（２０２４年3月1日にアクセス）

［2］「生きろ　島田叡 —— 戦中最後の沖縄県知事」http://ikiro.arc-films.co.jp/（２０２４年3月1日にアクセス）

条例案サンプル「チェルノブイリ法日本版」

【チェルノブイリ法日本版】〇〇市（自治体名を挿入）条例

【前　文】

〇〇市民は、全世界の市民が、ひとしく恐怖と欠乏から免かれ、平和のうちに健やかに生存する権利を個人の尊厳に由来する基本的人権として有することを確認し、なにびとといえども、原子力発電所事故に代表される放射能災害から命と健康と暮らしが守られることが憲法により保障される基本的人権であることをここに宣言し、この条例を制定する。

他方、市民に保障されたこの基本的人権に対応して、原子力発電所等の設置を認可した国は、放射能災害に対して無条件で加害責任を免れず、住民が放射能災害により受けた被害を補償する責任のみならず住民の「移住の権利」の実現を履行する責任を有する。その結果、この条例の実施により〇〇市が出費する経費は本来国が負担すべきものであるところ、現在の法制はこの点を明らかにする補充立法を制定していないため、国は、この「法の欠缺」状態を補充するために、すみやかに地方財政法10条17号、同法28号に準ずる法改正を行なう責務を有する。国のこれらの責務はいずれも憲法上の義務として国に課せられたものである。

加えて、個人の尊厳に由来する基本的人権の帰結として、放射能災害に対して無条件の加害責任を負う国は、事故が発生した原子力発電所等の収束に従事する作業員に対しても、放射能災害により被害を被った住民と同様、当該作業員が放射能災害により受けた被害を補償する責任のみならず当該作業員の命・健康を保全する責任を憲法上の義務として有するものである。

もっとも、今日の原子力発電所事故の巨大な破壊力を考えれば、この条例の制定だけで放射能災害から◯◯市民の命と健康と生活を保障することが不可能であることを率直に認めざるを得ない。したがって、私たちは、△△県の自治体、さらには日本の全自治体に対して、各自治体の住民の名において、この条例と同様の条例を制定すること、さらにはこれらの条例の集大成として、日本国民の名において同様の日本国法律を制定することを呼びかける。

さらに、原子力発電所事故が国境なき過酷事故であることを考えれば、わが国の法律の制定だけで放射能災害から日本国民の命と健康と生活を完全に保障することが困難であることも認めざるを得ない。したがって、私たちは、この条例制定を日本のみならず、全世界の自治体、各国に対して、原子力発電所を有する世界の住民の命と健康と生活が保障する自治体の条例、法律の制定を呼びかける。

この呼びかけが放射能災害から全世界の市民の命と健康と生活を保障する条約を成立させるための基盤となることを確信する。

◯◯市民は市の名誉にかけ、全力をあげてこの崇高な理想と目的を達成することを誓う。

第1章　総則

第1条（条例の目的）

この条例は、原発事故その他の放射能災害の発生から◯◯市の住民及び事故収束作業員の命、健康及び暮らしを守ることを目的とする。

第2条（定義）

この条例において、次の各号に掲げる用語の定義は当該各号に定めるところによる。

①「放射能災害」とは、原子力発電所事故など、放射性

物質が施設外に大量に放出される事故をいう。

②「事業者」とは、原子力発電所等を所有し、放射能災害を発生させた事業者をいう。

③「放射能汚染区域」とは、放射能災害で放出された放射性物質により汚染された区域のことをいい、その区分は第8条に定めるものとする。

④「汚染区域住民」とは、放射能汚染区域に住居を定め、居住する市民をいう。

⑤「事故収束作業員」とは、被ばくする場所で、放射能災害の収束に関わるあらゆる作業に従事する者をいい、その具体的な内容は第9条に定めるものとする。

⑥「放射能災害被災者」とは、放射能災害発生時に◯◯市に住民票を有し、放射能汚染区域に住む住民及び放射能災害発生時に◯◯市に住民票を有する事故収束作業員をいう。

⑦「移住の権利」とは、移住権利区域に居住する住民が有する、第11条第2項に定める被ばくにより発生した損害賠償及び社会的支援を受ける権利をいう。

⑧「残留の権利」とは、移住権利区域に居住する住民が有する、第12条第1項に定める被ばくにより発生した損害賠償及び社会的支援を受ける権利をいう。

⑨「安全の権利」とは、放射能管理強化区域に居住する住民が有する、第13条に定める社会的支援を受ける権利をいう。

⑩「避難の権利」とは、放射能災害発生直後の緊急避難（帰還を前提とする一時的な移転を意味する）に関して、移住権利区域に居住する住民が有する、第14条に定める社会的支援を受ける権利をいう。

⑪「生存の権利」とは、放射能災害発生時に◯◯市に住民票を有する事故収束作業員が有する、第15条に定める被ばくにより発生した損害賠償及び社会的支援を受ける権利をいう。

⑫事故周辺区域とは、放射能災害発生の周辺区域で、事故発生後速やかに区域の範囲を規則で特定するものをいう。

第3条（基本理念）

放射能災害被災者となった◯◯市の市民は、憲法が保障する基本的人権として移住の権利、残留の権利、安全の権利、避難の権利および生存の権利を有する。

第4条（救済の差別的取扱いの禁止）
法の下の平等を定めた憲法14条を踏まえ、放射能災害から人々の命と健康を救済するにあたっては、○○市の市民はひとしく扱われなければならない。

第5条（影響を受けやすい人への配慮）
放射能災害から人々の命と健康を救済するにあたっては、放射能による影響を受けやすい胎児、子どもの命・健康が守られることを配慮して行われなければならない。

第6条（予防的取組方法）
放射能災害から人々の命と健康を救済するにあたっては、1992年のリオデジャネイロ宣言を踏まえ、完全な科学的証拠が欠如していることをもって対策を延期する理由とはせず、科学的知見の充実に努めながら対策を講じる方法（予防的取組方法）にのっとり、適切に行われなければならない。

第7条（すべての関係者の参加）
放射能災害が国難であることを踏まえ、放射能災害から人々の命と健康を救済するにあたっては、放射能災害に係るすべての関係者による積極的な参加のもとに行われなければならない。

第8条（放射能汚染区域の区分）
放射能災害発生後いつの時点かを問わず、追加被ばく量（外部被ばくと内部被ばくの合計）の値または土壌汚染の3種類の値のいずれかが以下に定める値に該当した放射能汚染区域を以下の定めに従い

区分	区分名	土壌汚染密度（kBq/m2）			年間追加被ばく量mSv/年
		セシウム137	ストロンチウム90	プルトニウム	
1	移住義務区域	国の定めるものに拠る。			
2	移住権利区域	185以上	5.55以上	0.37以上	1以上
3	放射能管理強化区域	37～185	0.74～5.55	0.185～0.37	0.5以上

区分する。

第9条（事故収束作業員）

1　事故収束作業員は次の各号のいずれかに該当する者をいう。

①事故収束作業員として従事した結果、健康被害が発生し、当該被害と収束作業との因果関係が確定した者。

②従事の時期が次の場合に応じて、事故周辺区域で以下に定める作業日数を満たす者。

放射能災害発生後3ヶ月間までの間：作業日数を問わない。

放射能災害発生4ヶ月後から1年経過するまでの間：5日以上作業に携わった者。

放射能災害発生1年後から2年経過するまでの間：14日以上作業に携わった者。

③従事の時期が次の場合に応じて、事故周辺区域で以下に定める作業日数を満たす者。

放射能災害発生4ヶ月後から1年経過するまでの間：1～4日作業に携わった者。

放射能災害発生1年後から2年経過するまでの間：13日以下作業に携わった者。

放射能災害発生2年後から4年経過するまでの間：30日以上作業に携わった者。

2　放射能災害発生から一定年数が経過するまでの間、住民設備建物の除染作業に14日以上携わった者は第1項3号の事故収束作業員とする。一定年数の数は事故発生後速やかに規則で特定する。

第2章　放射能災害被災者の権利

第10条（総論）

1　放射能災害発生時に○○市に住民票を有し、移住権利区域に住む住民は、汚染状況及び被ばくによる健康影響について国及び○○市から与えられた情報に基づいて、当該区域に住み続けるかそれとも移住（帰還を前提としない移転）するかを自ら決定する権利を有する。

2　第1項の場合において、移住を選択した住民は、第

11条に定める移住の権利を有する。

3　第1項の場合において、残留を選択した住民は、第12条に定める残留の権利を有する。

4　放射能災害発生時に○○市に住民票を有し、放射能管理強化区域に住む住民は、第13条に定める安全の権利を有する。

第11条（住民が移住を選択した場合の権利）

1　第10条の場合において、住民が移住を選択するにあたっては、次の条件を満たすことが必要である。

①移住について、未成年者を除き、世帯全員が同意すること。

②移住先が第8条に定める区分1から3の「放射能汚染区域」でないこと。

2　第10条の場合において、移住を選択した住民は以下の権利を有する。その詳細は規則で定める。

①引越し費用の支給

②移住先での住宅確保・就労支援

③移住元の不動産・家財・汚染した生産物（魚も含む）の損失補償

④医療品の無料支給

⑤健康診断・保養費用の7割支給

⑥被災者手帳の交付

⑦年金の優遇

3　前項の権利は特段の理由がない限り、1回の移住にしか適用されない。

第12条（住民が残留を選択した場合の権利）

1　第10条の場合において、残留を選択した住民は以下の権利を有する。その詳細は規則で定める。

①治療の無料化

②医療品の無料支給

③健康診断・保養費用の7割支給

④汚染した生産物（魚も含む）の損失補償その他の生活支援

⑤被災者手帳の交付

⑥「放射能食品管理課」等必要な部署を設け、放射能による食物・水道水の汚染を検査し、無用な被ばくを

させない。

⑦ 年金の優遇

2　第1項の残留を選択した住民がのちに移住を選択する場合には第11条が適用される。

第13条（放射能管理強化区域に住む住民の権利）

放射能災害発生時に◯◯市に住民票を有し、◯◯市の放射能管理強化区域に住む住民は、以下の権利を有する。その詳細は規則で定める。

① 医療品の無料支給

② 健康診断・保養費用の5割支給

③ 被災者手帳の交付

④「放射能食品管理課」等を設け、放射能による食物・水道水の汚染を検査し、無用な被ばくをさせない。

⑤ 年金の優遇

第14条（放射能災害発生直後の住民の権利）

1　◯◯市は放射能災害発生と同時に、予め編成した緊急事態対策課及び有識者による緊急事態判定委員会を直ちに始動させ、同委員会に速やかに本条第2項に定める判定を行なわせるものとする。

2　第1項の場合において、緊急事態判定委員会が国及び◯◯市から与えられた情報に基づいて、◯◯市の全域または一部が第8条に定める移住権利区域に該当すると判定した場合、当該区域に住む住民は、以下に定めるほか避難に必要な措置を求める権利を有する。その詳細は規則で定める。

① 自身とペット（事前登録要）に安定ヨウ素剤の事前配布

② 緊急時の放射能影響予測ネットワークシステムの情報提供

③ バス等の移動手段の提供

④ 防護用マスク、カッパなど防護装備の提供

⑤ 避難先の住居・食料・衣類・薬の提供

第15条（事故収束作業員の権利）

放射能災害発生時に◯◯市に住民票を有する事故収束作業員は、以下の権利を有する。その詳細は規則で定め

る。

①医療品の無料支給
②健康診断・保養費用の減免
③住環境の改善・支援
④公共料金・公共交通機関の減額
⑤有給休暇・解雇・異動時の優遇
⑥被災者手帳の交付
⑦年金の優遇

第16条（予算措置）

次の2案を併記する。

（第1案）

1　この条例の実施により○○市が経費を出費した場合、○○市は、放射能災害発生の原因となった原子力発電所等の設置者及び設置許可した国に対して、当該経費の求償権を有する。

2　○○市は、この条例の実施により○○市が出費する経費に充てるため、前項に定める原子力発電所等の設置者及び設置許可した国に対して、法定外目的税を課するものとする。その詳細は別途条例で定める。

（第2案）

1　この条例の実施により○○市が経費を出費した場合、○○市は、放射能災害発生の原因となった原子力発電所等の設置者、設置許可した国及び設置に同意した者に対して、当該経費の求償権を有する。

2　○○市は、この条例の実施により○○市が出費する経費に充てるため、前項に定める原子力発電所等の設置者、設置許可した国及び設置に同意した者に対して、法定外目的税を課するものとする。その詳細は別途条例で定める。

第17条（汚染状況の測定及び公表）

○○市は、放射能災害が長期にわたるカタストロフィーであることにかんがみ、正確な汚染状況を把握するため常時、汚染の測定に努め、測定結果を直ちに市民に公表する。

第18条（委任）

この条例に定めるもののほか、この条例の実施について必要な事項は、規則で定める。

附　則

（施行期日）

1　この条例は、　年　月　日から施行する。

編集にあたって

本書は、『市民が育てる「チェルノブイリ法日本版」の会』の正会員用メーリングリスト上で交わされた議論（2019年以降）や、ブログ（https://chernobyl-law-injapan.blogspot.com/）、ニュースレター、学習会などの内容をベースに、本会協同代表の柳原敏夫と小川晃弘が編集しました。「チェルノブイリ法日本版」の制定に興味のある方、ぜひEメール（genpatsuright@gmail.com）でご連絡ください。

編集者紹介

柳原　敏夫（やなぎはら・としお）

1951年、新潟県生まれ。法律家。専門は知財（著作権）。20世紀末、知財が知罪に変貌したのを受け、命の危機をもたらす遺伝子組換えイネ野外実験差止裁判に転向。311まで原発に無知だった無恥を知り、命を救うふくしま集団疎開裁判に再転向。以後、放射能被ばくによる命、健康リスクを政策ではなく人権問題として取り組む。『NAM原理』（太田出版 2000）『安全と危険のメカニズム』（新曜社 2011）いずれも共著。

小川　晃弘（おがわ・あきひろ）

1968年、愛知県生まれ。メルボルン大学アジアインスティチュート教授。コーネル大学大学院博士課程修了（社会文化人類学PhD）、ハーバード大学日米関係プログラム上級研究員、ストックホルム大学教授などを経て、現職。研究対象はアジアの市民社会、現代日本社会。近著に*Antinuclear Citizens: Sustainability Policy and Grassroots Activism in Post-Fukushima Japan*（Stanford University Press, 2023）、訳書に『アクションリサーチ入門―社会変化のための社会調査』（新曜社 2023）がある。

わたしたちは見ている
原発事故の落とし前のつけ方を

初版第1刷発行　2024年5月25日

市民が育てる「チェルノブイリ法日本版」の会
編　集　柳原敏夫・小川晃弘
発行者　塩浦　暲
発行所　株式会社　新曜社
101-0051　東京都千代田区神田神保町3-9
電話 (03)3264-4973 (代)・FAX (03)3239-2958
e-mail : info@shin-yo-sha.co.jp
URL : https://www.shin-yo-sha.co.jp
組　版　Katzen House
印　刷　新日本印刷
製　本　積信堂

ISBN978-4-7885-1850-6 C0036